KB051416

사진, 삶과 지리를 말하다

사진, 삶과 지리를 말하다

초판 1쇄 발행 2021년 6월 7일
초판 3쇄 발행 2022년 5월 13일

지은이 전국지리교사모임

펴낸이 김선기
펴낸곳 (주)푸른길
출판등록 1996년 4월 12일 제16-1292호
주소 (08377) 서울시 구로구 디지털로 33길 48 대룡포스트타워 7차 1008호
전화 02-523-2907, 6942-9570-2
팩스 02-523-2951
이메일 purungilbook@naver.com
홈페이지 www.purungil.co.kr

ISBN 978-89-6291-904-2 03980

사진, 삶과 지리를 말하다

2016-2020
전국지리교사모임
지리사진전

• 추천사 •

다큐멘터리와 지리는 같은 곳을 바라봅니다.

중 · 고등학교를 다니면서 좋아하는 과목이 있었습니다. 물론 국, 영, 수는 아니었죠. 사실 지리를 좋아했습니다. 지리는 인간의 생활과 자연을 이해하고 연구하는 학문이더군요. 지리를 좋아했기 때문일까요? 학교를 졸업한 지금은 다큐멘터리 피디가 되어 지구촌 곳곳을 여행하고 있습니다. 아마존과 시베리아, 캄차카는 물론 북극과 남극을 다니며 그곳의 환경과 생명의 이야기를 담고 있습니다.

다큐멘터리와 지리는 같은 곳을 바라봅니다. 자연과 인문을 통해 인간을 이해하고자 하는 목표 말입니다. 『사진, 삶과 지리를 말하다』는 지리 선생님들이 직접 국내외를 다니며 모은 사진과 이야기를 모아 정성스럽게 만든 책입니다. 그래서 보는 내내 다큐멘터리 한 편을 보는 느낌이었습니다.

사진을 전공한 선생님들이 아니기 때문에 그 사진이 구도나 빛을 활용한 엄청난 예술 사진인 것은 아니지만, 그 속에는 공간만이 있지 않습니다. 사진을 촬영한 이유와 이야기가 생생히 녹아 있고 메시지도 담겨 있습니다.

그 메시지는 책의 구성처럼 다섯 개로 나뉘어 있습니다.

첫 번째, 지리로 세상을 읽다

극지방의 오로라를 본 적이 있는지요? 하늘 위에서 다양한 컬러의 커튼이 휘날리는 모습은 정말 경이롭습니다. 끝없는 사막과 험준한 산맥들도 압도적입니다. 인간이 살아가는 작은 골목길도 마찬가지죠. 이 아름다운 행성, 지구의 주인은 인간만이 아닙니다. 모든 생명이 주인입니다. 인간의 욕심이 지구 생태계를 힘들게 만들고 있습니다.

두 번째, 경계에서는 꽃이 핀다

두 문화, 두 환경의 경계에는 다양성이 존재합니다. 서로 다름을 인정할 때 우리의 문화는 꽃을 피우고 세상은 풍요로워집니다. 공존의 이야기가 이 챕터에 담겨 있습니다.

세 번째, 길에서 지리를 보다

두 공간 사이에는 길이 있습니다. 문명은 '길'이 먼저 있었기 때문에 가능했습니다. 그래서 위험천만한 벼랑 끝에도, 세상 끝 오지에도 인간은 길을 만들었습니다. 하지만 인간이 만든 길이 자연과 유리된다면 다른 생명들에겐 치명적일 수도 있습니다. 생각 없이 만들어진 고속도로는 하나의 생태계를 하루아침에 둘로 나눠버리는 위험천만한 경계선이 될 수도 있으니까요.

네 번째, 섬, 다름을 마주하다

섬은 매혹적인 공간입니다. 사면이 바다로 싸여 있으니까요. 고립은 그곳의 생태와 문화를 독특하게 만들어 내는 차별성을 가지게 합니다. 하지만 책에서 말하는 섬은 단순한 공간적 의미의 섬이 아닙니다. 공존을 의미합니다. 저자인 지리 선생님들이 생각하는 섬은 어떤 의미일까요?

다섯 번째, 움직임, 세상을 잇다

코로나19로 각 나라는, 각 지역은 이동의 문을 굳게 걸어 잠갔습니다. 바이러스의 이동을 막기 위해서라지만 세상을 연결하며 발전해 온 인류의 움직임도 멈추게 되었습니다. 그간 쉽고 당연하게 생각해 온 '이동'이 실제로 어떤 의미일까 하는 질문을 저자들이 던지고 있습니다.

다큐멘터리와 사진은 모두 기록의 장치입니다. 그 안에는 우리의 삶과 자연이 그대로 담겨 있습니다. 이 책을 볼 때 시간을 두고 찬찬히 읽을 것을 추천합니다. 이 책 속의 사진은 단지 보기 위한 사진이 아니라 읽기 위한 사진이기 때문입니다. 사진이 말하고자 하는 이야기를 제대로 읽어 낸다면 지리가 암기를 위한 것이 아니라 우리의 생활과 역사를 이해하기 위한 학문이라는 것을 알 수 있지 않을까요?

다큐멘터리 〈아마존의 눈물〉, 〈남극의 눈물〉, 〈곰〉 제작

MBC 다큐멘터리 부장

김진만

• 여는 글 •

지리 사진을 통한 세상 읽기

1996년. 즐겁고 새로운 수업, 그러면서도 방향을 놓치지 않고 삶의 깊이를 담아낼 수 있는 지리 교육을 위해 고민하는 선생님들이 하나둘 모여들어 지금의 '전국지리교사모임'을 만들었습니다.

선생님들은 새로운 수업 자료를 찾아 교실 밖으로 나갔고, 그곳에서 현장의 모습을 사진으로 담아 와 수업에 활용했습니다. 사진은 교실에서 교과서로만 배우던 지리적인 내용을 이해하기 쉽고 재미있게 담아낼 수 있기 때문에, 지리적인 시각을 키우는 데 큰 도움을 주었지요. '지리적 시각'은 끊임없이 '왜?'라는 질문을 던지며 세상을 이해하는 데에 초점이 맞추어져 있습니다.

지리는 공간상에 나타나는 특성, 즉 다름을 연구하는 학문입니다. 공간은 우리가 살아가는 주변 환경이라고 쉽게 정의할 수도 있을 것입니다. 우리 주변의 땅, 기후, 마을, 사람들의 생활 등은 각각 다른 모습을 보입니다. 이 모두가 지리학의 연구 주제가 됩니다. 이 넓은 주제를 학생들에게 문자화시켜 설명하는 것은 여간 힘든 것이 아니었습니다. 하지만 우리 주변에서 볼 수 있는 경관들을 사진에 담아 와 "이 사진을 왜 찍었을까?", "이 사진 속에는 무엇이 보여?"라며 이야기를 시작합니다. 아이들은 사진 속 피사체의 특성을 읽어 내려 노력했고, 또 사진 속에서 쉽게 드러나지 않는 모습까지도 찾아내려 하였습니다. 결국 그곳에서 살아가는 사람을 이해하는 '지리적 시각'을 갖게 되는 것이지요.

2016년. 전국지리교사모임 선생님들은 모임 20주년을 기념하여 그동안 국내외를 답사하여 담아 온 사진과 이야기를 들고 학교 밖으로 나와 첫 사진전을 열었습니다. 지리 교과를 단순히 지역 이름을 외우고 도로와 특산품을 외우는 것과 같이 지표를 기술하는 학문으로 인식하는 사람들에게, '지리는 세상을 이해하는 시각을 길러 주는 학문'이라고 이야기하고 싶었습니다. 지리적 시각을 가진 사람들은 나와 다른 사람이나 환경을 이해하는 능력이 높기 때문이지요.

2016년 첫 사진전의 주제는 '지리로 세상을 읽다'였습니다. 지리 사진을 통해 사람들의 이야기를 들려 주고 싶었습니다. 지리 사진은 타임캡슐과 같습니다. 정지시켜 담아 놓은 시간을 훗날 소환하여 많은 이야기를 만들어 낼 수도 있기 때문일 것입니다. 시간뿐만 아니라 지리 사진은 그 사진 속 피사체가 포함된 공간상에서 펼쳐지는 수많은 정보를 담고 있습니다. 지리는 그 정보들을 읽어 내어 이야기해 주는 학문입니다. 사진 속 이야기를 통해 나와 다른 사람들을 이해하고, 더불어 행복한 삶을 살아가는 방법을 공유하고 싶었습니다.

2017년에는 '경계에서는 꽃이 핀다'라는 주제로 두 번째 사진전을 준비했습니다. 우리가 살아가는 세상은 다른 지역과 차이를 나타내는 수많은 '지역'의 조각들로 구성되어 있습니다. 지역의 중앙은 대부분 중심부라 하여 중시되는 반면, 경계는 중심부에서 가장 먼 곳이기에 관심 밖인 곳입니다. 중심에서 벗어난 그 경계에도 주목할 수 있음을 이야기하고 싶었습니다.

2018년에는 세 번째 이야기로 '길'을 주제로 했습니다. 길은 연결을 뜻하기도 합니다. 과거와 현재가 연결될 수도 있고, 지역 간에 서로 연결될 수도 있습니다. 또, 길을 통해 많은 이동이 이루어집니다. 이동을 통해 천천히 자연스럽게 다름이 사라지기도 합니다.

2019년 네 번째 이야기는 '섬, 다름을 마주하다'였습니다. '섬'은 지리학의 주요 주제인 '지역'과 유사한 개념으로 해석할 수 있습니다. 다른 공간과 분리된 고립의 의미가 될 수도 있습니다. 고립된 섬은 독특한 특성을 갖기도 하고, 다른 지역과의 연결을 통해 그 모습을 변화시키기도 합니다.

2020년에는 코로나19로 인해 많은 어려움이 있었지만, 다섯 번째 이야기 '움직임, 세상을 잇다'를 준비했습니다. 최근의 감염병이 전 세계에 전파된 것 역시 움직임을 통한 것입니다. 우리는 감염병의 전파를 막기 위해 이동을 금지했을 때 얼마나 불편한지 겪어 보았습니다. 사람이나 자연은 그 속도에는 차이가 있을 수 있지만, 끊임없이 움직이고, 이를 통해 서로 연결하고자 하는 속성을 가지고 있기 때문일 것입니다. 일상 속에서, 더 넓은 세계 속에서 움직임을 통해 세상이 연결되는 모습을 보여드리고자 했습니다.

이렇게 준비했던 다섯 해의 지리 사진 이야기를 한 권의 책으로 모아 보았습니다. 이곳의 사진은 내셔널지오그래픽의 사진과 같은 예술성을 기대할 수는 없습니다. 사진 분야에서는 비전문가인 선생님들이 우리 주변의 현상이나 경관을 지리적으로 해석하고 의미를 부여한 이야기를 담은 사진일 뿐입니다. 그래서 사람과 그들의 삶터가 주인공이 되는 사진 이야기책입니다. 사람과 그 삶터가 주인공인 사진은 그 자체가 예술적이라고 볼 수도 있겠지요.

사진 속에 담긴 이야기를 읽어 가면서 세상을 이해하는 안목, 즉 지리적 시각이 길러지기를 희망합니다. 지리적 시각으로 내 주변에서는 어떤 이야기를 담을 수 있는지 살펴보세요. 그리고 주머니 속의 휴대폰을 꺼내 촬영해 봅시다. 남는 것은 사진밖에 없다고 하니까요.

2021년 5월 저자들을 대표하여

김석용

• 차례 •

Ⅱ. 경계에서는 꽃이 핀다

Ⅲ. 길에서 지리를 보다

Ⅳ. 섬, 다름을 마주하다

V. 움직임, 세상을 잇다

MINERVA
銀行
우리은행 WOORI BANK
INDONESIA IC ONE
MONEY REMITTANCE
MONEY GRAM
MoneyGram
중국 베트남
직원
구합니다

Ⅰ. 지리로 세상을 읽다

땅, 기후, 특산물, 자원, 마을, 경관, ….
그래도 결국 지리는 사람을 이해하기 위한 분야이다.
사람을 이해하기 위해,
그리고 더불어 행복한 삶을 살기 위해
그들의 삶터를 공부한다.
그래서 지리 사진은 사람과 그들의 삶터가 주인공인 사진이다.
사람을 이해하기 위한 사진이다.

구도와 빛보다 이야기가 먼저이다.
그래서 아름답지 않을 수 있다.
하지만 사진 속에 담긴 사람과 삶터 이야기를 듣고 나면,
어느 예술 사진보다 아름답다.
사람은 꽃보다 아름답기 때문이다.

그동안 전국의 지리 교사들은
이곳 저곳을 사진으로 찍어 수업자료로 활용해 왔고,
더 좋은 수업을 위해 수만 장의 지리 사진을 공유해 왔다.
이제는 그 지리 사진과 그 사진 속에 담긴 사람과 삶터 이야기를
보다 많은 사람들과 나누려 한다.
이번 〈지리사진전〉이
나와 우리, 그리고 우리들의 삶터를 고민하는 시간이 되었으면 좋겠다.

001 사라지는 모래톱

김석용, 2013년 6월 @경기도 여주시

모래톱은 강이나 냇가에 쌓여 있는 모래사장인데, 수생 동식물의 주요 공간이 될 뿐만 아니라 오염 물질을 걸러내는 기능도 한다. 물론 가장 체감할 수 있는 것은 모래톱에서 놀았던 경험과 추억으로, 우리의 몸과 마음도 정화시켜 준다. 그런데 여기저기에 세워진 4대강 사업의 보洑로 인해 그 모래톱이 사라지고 있다. 과거의 경험과 추억, 그리고 미래의 경험도…. 우리들의 추억이 쌓일수록 모래톱의 모래알도 쌓여 모래사장이 넓어진다. 넓어진 모래사장은 철새들이 잠시 쉬어가는 안식처가 되기도 하고 오염 물질을 걸러내는 정화 장소가 되기도 한다. 그러나 4대강 사업 후 여기저기 모래톱이 축소되고 있어 우리의 추억과 함께 철새도 사라지고 있다.

002 녹조라떼가 된 낙동강

신병문, 2014년 9월 @경상남도 창녕군

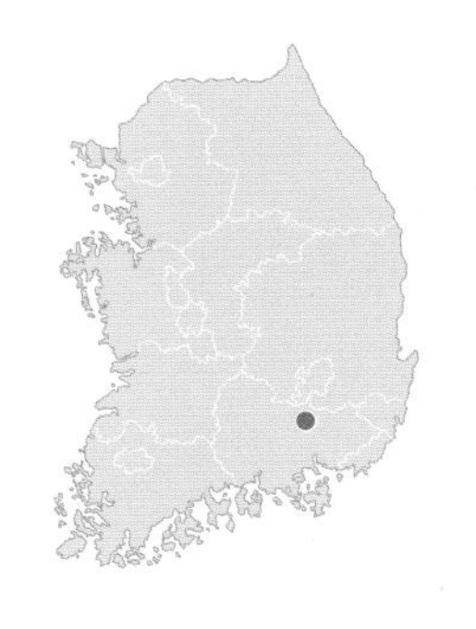

반짝이며 유유히 흐르던 강물은 녹색으로 변해 숨죽여 흘러가고 있다. 한 치 앞도 내다보지 못한 개발 욕심으로 인해, 한 치 안도 들여다볼 수 없는 탁한 강물이 되어 버렸다. 4대강 공사 이후 유속이 느려지면서 심각한 수질 저하 현상이 나타났다. 그 대표적인 것이 녹조의 심각한 번식이다. 녹조는 플랑크톤이 대량 번식하여 물색을 녹색으로 변화시키는 현상으로, 주로 남조류가 원인이 되어 강이나 하천 및 호소 등에 발생한다. 남조류는 부영양화가 되어 수질이 나빠진 호수에서 서식하는 식물성 플랑크톤으로, 여름에 대량으로 번식하여 수면에 뜨면 녹색을 띠므로 녹조綠潮현상이라 하고 있다. 녹조가 번식하면 물속의 용존 산소량이 감소하여 물에서 썩는 냄새가 나며, 물고기가 떼죽음을 당하게 되어 어업에 피해를 준다. 또한 독소를 가진 남조류가 많은 호수 물을 마시면 간에 손상이 가거나 구토, 복통이 일어나며 많이 마시면 죽을 수도 있다. 그렇게 수역의 생태계가 파괴되어 먹이사슬 구조에도 문제가 발생한다. 4대강 공사 후 변화를 살펴보기 위해 보가 설치된 4대강의 전 구간을 공중에서 살펴본 바로는 어느 한 곳 예외 없이 녹조가 심각한 수준이었다.

003 천둥소리가 나는 연기, 빅토리아 폭포

김석용, 2012년 2월 @잠비아 리빙스턴

'천둥소리가 나는 연기'라는 뜻의 모시 오아 툰야Mosi-oa-Tunya는 주민들이 불렀던 빅토리아 폭포의 원래 이름이다. 세계 3대 폭포 중 하나라는 타이틀에 걸맞게 잠베지강의 물이 약 1,700m의 너비로 높이 110~150m인 곳에서 아래로 떨어지며 엄청난 물보라와 굉음을 날리는 거대한 규모를 자랑한다. 건기에 가면 이 폭포의 물줄기가 약해 웅장한 느낌이 덜하고, 우기에 가면 물줄기가 너무 강하여 물보라에 가려서 온몸이 젖고 아무 것도 보이지 않는다. 전략적으로 건기와 우기 사이에 방문하는 것을 추천한다. 뭐든 적당한 것이 좋으니…. 인도양으로 흘러가는 잠베지강이 잠비아와 짐바브웨의 국경을 이루기 때문에 빅토리아 폭포도 양국에 걸쳐 있다. 잠비아의 화폐에는 빅토리아 폭포가 새겨져 있고, 짐바브웨에는 '빅토리아 폴스Victoria Falls, Vic Falls'라는 도시가 있다. 두 나라 모두 빅토리아 폭포의 상징성을 놓치고 싶지 않을 것이다.

004 비가 오지 않아도 물이 풍부한 오카방고 삼각주

김석용, 2012년 2월 @보츠와나 마운

비가 오지 않아도 물이 풍부한 곳, 그런 곳이 지구상에 있을까? 1,250km나 떨어진 앙골라로부터 흘러오는 오카방고강은 바다로 합류하지 못한 채 오카방고 삼각주를 만들고 운명한다. 1월에 내린 비로 유량이 풍부해진 이 강은 장장 5개월이라는 긴 시간 동안 흘러 이동하기 때문에 우기가 아닌 건기인 겨울에 삼각주의 면적은 오히려 더욱 넓어지고, 그 주변의 습지도 풍요로워진다. 황량한 건기의 풍경 대신 다양한 야생동물들의 풍요로운 삶의 모습을 볼 수 있는 이곳은 1996년 이후 람사르 협약에 의해 보호되고 있다. 그러나 유명한 만큼 매년 전 세계에서 몰려드는 관광객들과 체계적이지 못한 강물 관리로 인해 환경오염을 피해갈 수 없으니 참으로 안타까운 일이 아닐 수 없다.

005 나일강의 수표, 나일미터

김석용, 2005년 1월 @이집트 아스완

매년 우리나라는 여름철 집중호우로 인해 발생하는 범람의 피해를 최소화하기 위해 많은 노력을 기울이고 있다. 그러나 이런 범람을 반기던 나라가 있는데, 그곳은 바로 이집트이다. 이집트를 유유히 흐르는 나일강은 과거부터 주기적으로 범람하였고 이 범람으로 인해 땅은 나날이 비옥해져 농업 생산력이 높아졌다. 그 결과 '나일강의 선물'이라는 말에 걸맞는 찬란한 문화유산을 꽃피울 수 있게 되었다. 이집트인들에게 강의 범람은 중요한 자원이었으므로 소중하게 다루었다. 대표적인 예로 홍수를 사전에 예측하고 그 현황을 알기 위해 수위를 측정하는 표시, 즉 수표를 여러 곳에 설치하였는데 이를 나일로미터 Nilometer 또는 나일미터라고 한다. 사진의 오른쪽 회색 돌에 새겨져 있는 숫자와 눈금은 저 아래 강가에서부터 계단을 따라 나타난다. 우리나라 곳곳에도 수표가 설치되어 있는데, 이는 강의 범람에 생계를 의존하는 지역의 공통된 특징으로 이해할 수 있다.

006 신비한 지형의 섬, 소굴업도

김덕일, 2004년 10월 @인천광역시 옹진군

소굴업도는 굴업도에서도 간조 시간에 맞춰 들어가야 한다. 응회암[1]으로 이루어진 소굴업도에서는 파도의 침식으로 만들어진 파식대와 노치notch가 특이한 경관을 보여 준다. 노치란 해식와海蝕窪라고도 부르는 지형으로, 해안 절벽의 아랫부분에 스며든 바닷물이 염풍화[2]를 일으켜 깊고 좁게 침식된 지형을 가리킨다. 거칠고 입자가 큰 응회암은 바닷물의 침투가 용이하여 염풍화가 일어나기 쉬운 조건을 가졌다. 보통 절리면을 따라서 직선으로 노치가 발달된 것을 볼 수 있다. 한국에서는 보기 힘든 이 일대 해안 지형의 학술적 보존 가치를 인정하여 문화재청은 2010년 4월 1일 천연기념물로 지정할 것을 예고하였다. 그러나 어찌된 일인지 아직도 지정은 실행되지 않고 있다. 현재 소굴업도를 포함한 굴업도 전체 면적의 98.5%는 모 대기업의 계열사가 매입하여 소유한 상태이다.

---

1. 응회암: 화산재가 쌓여서 굳어져 만들어진 퇴적암으로, 다공질이며 입자가 균일하지 않다.
2. 염풍화: 오랫동안 암석의 틈 사이로 염분이 들어가면서 점차 바위를 부서지게 만드는 과정

007 원시적이지만 가장 비싼 멸치로 만드는 죽방렴

이기헌, 2009년 8월 @경상남도 남해군

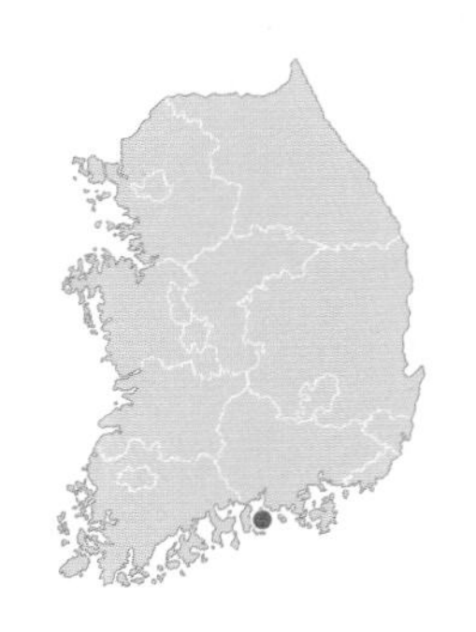

경상남도 남해군의 남해도와 창선도 사이의 지족해협은 물길이 좁아지는 곳으로, 조류의 물살이 매우 빠르다. 시속 13~15km인 이곳의 거센 물살로 인해 물살을 따라 모이거나, 물살을 거스르다 헤엄칠 힘을 상실한 물고기들이 원통형 대나무 발 안으로 모이도록 한 포획 도구가 죽방렴이다. 국어사전에는 죽방렴竹防簾을 좁은 바다 물목에 대나무로 만든 그물을 세워 물고기를 잡는 일 또는 그 그물이라고 설명하고 있다. 이는 원시 형태의 어로 포획 방식 중 하나인데, 이곳 죽방렴에서 포획한 멸치는 그물로 잡은 멸치와 달리 상처가 없어서 전국에서 최상품으로 꼽히며, 생선 또한 자연 그대로의 싱싱함이 살아 있어 맛이 일품이다.

008 예류 버섯바위

김인철, 2013년 2월 @타이완 예류

예류野柳 버섯바위는 타이완 북부 해안에 위치하고 있는 예류 지질공원 내에 발달해 있다. 타이완의 대표적인 관광지인 이곳의 버섯바위는 각각의 바위가 그 모양에 따라 여왕머리바위, 공주바위, 하트바위 등으로 불리며 관광객들에게 자연의 신비함과 즐거움을 제공한다. 이곳은 과거에 바다였던 곳으로 융기에 의해 육지로 드러나게 되었는데, 암석의 하부는 사암층으로 이루어져 있고, 검은색으로 보이는 상부는 셰일층으로 이루어져 있다. 융기한 후 주로 파랑의 침식에 의해 상대적으로 약한 하부의 사암층이 많이 깎여 나가 움푹 패인 목 부분을 만들었고, 사암층에 비해 침식에 강한 상부의 셰일층이 머리 부분을 만들어 오늘날과 같은 버섯바위가 되었다. 버섯바위를 형성하는 주요 작용으로 파랑의 침식, 즉 파식 작용을 꼽을 수 있지만 그 외에도 암석에 발달하는 절리와 단단함의 차이, 바람과 비 등이 복합적으로 영향을 미쳤다. 즉 암석이 가지고 있는 특성과 풍화에 대한 저항의 차이로 독특한 경관이 만들어진 것이다. 타이완 사람들은 생강처럼 생겼다고 해서 생강암이라 부르기도 한다.

009 적색토와 핵석

김인철, 2015년 1월 @전라남도 보성군

토양은 암석의 풍화로 형성된다. 암석이 물리·화학·생물학적 풍화를 받아 풍화 산물을 만들고, 기후나 식생 등도 영향을 주어 토양 형성 작용이 일어난다. 일반적으로 우리가 아는 황토인 적색토는 온대 남부에서 아열대에 걸친 습윤 지방에서 나타나는 토양으로, 부식이 적고 산성이 강하며, 라테라이트화 작용 laterization[3]에 의해 형성된다. 전라남도 보성군 겸백면에서 볼 수 있는 적색토는 기반암이 화성암이다. 수직·수평 절리가 발달한 화성암에 심층 풍화와 구상 풍화가 진행되어 적색토와 핵석을 만들었다. 핵석은 기반암의 구상 풍화에

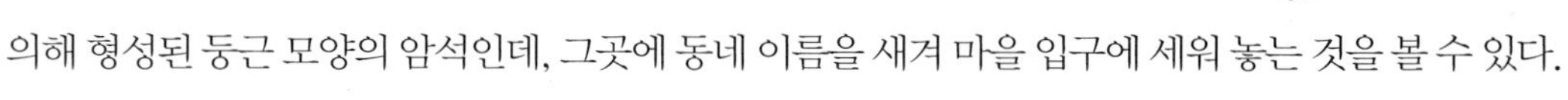

의해 형성된 둥근 모양의 암석인데, 그곳에 동네 이름을 새겨 마을 입구에 세워 놓는 것을 볼 수 있다.

3. 고온 다습한 기후에서 토양 중에 규산이 용탈되는 반면, 철과 알루미늄은 집적하게 되는 과정

010 천상의 커튼, 오로라

김래인, 2015년 11월 @아이슬란드 회픈

천상의 커튼이라고 하는 오로라aurora는 태양의 플레어 현상 때 직접 날아오는 고에너지 양성자가 지구 대기권과 마찰하며 빛을 내는 현상이다. 극지방에서 관측되므로 극광이라고도 한다. 하지만 정확히는 오로라대帶라고 하는 지구 자기 위도 65°~70°에서 가장 잘 나타난다. 아이슬란드와 캐나다를 비롯한 그린란드, 노르웨이, 스웨덴, 핀란드, 러시아, 알래스카 등이 대표적인 오로라 관측 지역이다. 북반구의 경우 여름에는 백야 현상 때문에 보기가 힘들다. 요즘에는 오로라 관측 여행을 하는 사람들이 많아졌으며, 이런 사람들을 위해 오로라 기상 예보도 제공된다.

011 추웠을 때의 흔적, 애추

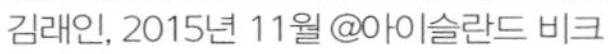

김래인, 2015년 11월 @아이슬란드 비크

김석용 2014년 10월 @경상남도 밀양시

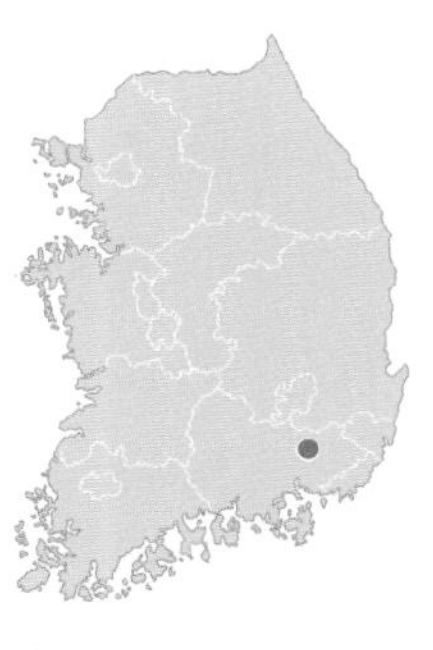

애추는 빙하 주변 지역의 대표적 지형이다. 계절 변화에 따라 동결과 융해를 반복하면서 지표에 노출된 암석의 틈이 더 벌어지게 되면, 암석이 절벽에서 떨어져 나와 절벽 아래에 쌓이게 된다. 암석 조각(암설)들은 절벽 아래에서 삼각형의 모양을 이루는 경우가 많고, 바위 조각의 크기는 낮은 곳으로 갈수록 커지는 경향이 있다. 우리나라에서는 광주 무등산, 밀양 만어사 등에서 쉽게 볼 수 있는데, 이는 우리나라가 과거에 빙하 주변에 있었다는 근거가 된다. 흔히 '너덜강', '너덜겅'이라고 불리기도 한다.

012 인도판 충돌의 영향

김석용, 2014년 8월 @인도 라다크

히말라야산맥의 한가운데에 위치한 라다크 지방의 스톡 곰파(티베트 불교 사원) 주변에 보이는 암석들은 시루떡 같이 쌓여서 만들어진 퇴적암이다. 보통은 수평으로 쌓여 있는 퇴적암을 흔히 볼 수 있지만 이곳에서는 거의 서 있다고 할 정도로 세워져 있다. 이는 어딘가에서 미는 힘이 작용해서 수직으로 세워진 것인데, 그 힘은 인도판의 충돌 때문에 발생했다. 해발고도 4,700m에 있는 지층이 사진과 같이 세워지기까지에는 여러 번의 지진이 있었을 것이다.

013 높은 산맥의 호수 속이었던 라마유르

김석용, 2014년 8월 @인도 라다크

이곳은 히말라야산맥의 해발 3,500m쯤에 자리한 라마유르이다. 사진 가운데에 있는 하얀 건물은 티베트 불교 사원인 라마유르 곰파인데, 곰파 뒤로 밝은 노란색으로 보이는 지층이 있다. 히말라야산맥이 만들어지는 과정에서 이 일대는 물에 잠긴 호수 상태였는데, 그때 밝은색 지층이 쌓인 것이다. 이후 호수의 입구 부분이 뚫리면서 물은 빠져나갔고, 퇴적물만 남아 지금의 모습이 되었다.

014 그래도 살만한 곳, 오아시스

김석용, 2014년 8월 @인도 라다크

히말라야산맥 속에 있는 인도 북부의 레leh 지역은 연 강수량이 100mm 정도 밖에 안 되는 건조한 사막이지만 그곳에 만년설이 녹아 흐르면서 운반 물질이 쌓여 선상지를 만들었다. 건조 기후 지역에서 농경이 가능한 땅을 오아시스라고 한다. 사진을 보면 만년설이 녹아 흐르는 하천 주변에 식생이 자라 녹색의 비옥한 땅을 만들었고, 마을도 당연히 이런 곳에 발달했다는 것을 알 수 있다. 성경에 '시냇가에 심은 나무가 철 따라 열매를 맺으며 그 잎사귀가 마르지 아니함 같으니…'라는 구절이 있다. 한국 같은 습윤한 지역에서는 시냇가에 나무를 심는다는 것이 절실하지 않은 얘기일 수 있지만, 이처럼 성경의 배경이 되는 건조 지역에서는 너무나도 절실한 얘기일 것이다.

015 여행자의 버킷 리스트

이태우, 2015년 1월 @볼리비아 우유니

이곳은 먼 옛날 바다였으나 두 개의 커다란 지각 판이 만나면서 융기하여 커다란 산맥이 되었다. 산맥 사이에 고여 있던 옛 바다는 오랜 시간 동안 증발 과정을 거치면서 새하얀 소금을 남겨 놓았다. 우기가 되면 우유니 소금사막은 물이 얕게 고이는데 그 물에 비친 하늘과 구름이 마치 거울과 같아 환상적인 경관을 만들기 때문에 수많은 관광객이 찾는 세계적인 명소이다. 하지만 엘니뇨의 영향으로 2015년 1월에는 비가 거의 오지 않아 우유니 소금사막에서는 고여 있는 물을 찾아볼 수 없었다. 기하학적 무늬의 소금 테두리가 마치 가뭄에 말라 버린 논을 연상시킨다.

016 바람과 모래의 예술품, 버섯바위

이태우, 2015년 1월 @볼리비아 우유니

우유니 소금사막을 지나 칠레의 아타카마로 넘어가는 길에 만난 버섯바위이다. 버섯바위는 바람과 모래가 만들어 놓은 지형이다. 사막에 바람이 불면 모래들이 바람에 날려 튀어 오르고, 오랜 세월 동안 이 모래들이 날아다니며 바위와 부딪히면서 버섯바위가 만들어진다. 아랫부분이 더 많이 깎인 이유는 바람에 날리는 모래의 높이에 한계가 있기 때문이다. 드넓은 사막 한가운데에 덩그러니 있는 버섯바위 하나를 보기 위해 수많은 관광객이 며칠을 달려 이곳을 찾아온다.

017 스머프의 고향, 카파도키아

차혜원, 2008년 2월 @터키 카파도키아

터키 중부에 위치한 카파도키아는 고도가 높지만 평평한 고원 지역이다. 이곳에는 누군가가 일부러 깎은 듯이 보이는 독특한 형태의 암석과 협곡이 즐비하여 미국의 그랜드캐니언을 연상시킨다. 만화 '개구쟁이 스머프'에 나오는 버섯 모양 집의 모티브가 된 것으로 알려진 버섯바위 등 다양한 기암괴석이 계곡에 가득하다. 이 사진은 열기구 위에서 눈에 덮인 카파도키아의 모습을 촬영한 것이다. 수백만 년 전 인근의 에르지에스산의 화산 분출로 형성된 화산재와 용암이 굳어져 형성된 응회암층으로 구성되어 있다. 과거 습윤한 시기 동안 오랜 시간에 걸쳐 응회암층이 풍화와 침식 작용을 받아 약한 부분은 깎이고 단단한 부분은 남아 지금과 같은 독특한 형태의 암석과 깊은 계곡을 이루는 카파도키아가 형성되었다.

018 갯깍 주상절리대

김덕일, 2015년 1월 @제주특별자치도 서귀포시

제주도의 갯깍 주상절리대는 서귀포시 예래동과 색달동 사이 해안에서 발달한 돌기둥이다. 약 1,100℃ 정도에서 용암이 급격히 식으면서 발생하는 수축작용에 의해 형성된 기둥 모양의 절리를 주상절리라고 하는데, 주로 현무암질 용암에 잘 형성되고 다각형 구조를 나타내기도 한다. 대부분의 주상절리는 수직 형태이기 때문에 낭떠러지 절벽이나 폭포가 형성된다. 갯깍 주상절리대는 최대 높이 40m, 폭 1km에 이르는 비경의 장소이다. 제주 올레 8코스에 포함되었다가 2011년 낙석 위험으로 일부 구간이 폐쇄되었다. 그러나 이 구간의 해식동굴이 SNS의 포토존 핫플레이스로 떠오르면서 다시 많은 사람들이 찾고 있어 안전 문제가 제기되고 있다.

019 옥빛 바다 이불을 덮은 주상절리

정명섭, 2015년 10월 @경상북도 경주시

하늘은 높고 말은 살찐다는 천고마비의 계절 10월, 어디에 가서 무엇을 보든 기분 좋게 여행할 수 있는 시기이다. 이러한 계절에 멋진 경관까지 곁들여진다면 금상첨화이다. 경주시 양남면의 해안가에는 부채꼴 형태의 육각형 모양 주상절리가 해안가 곳곳에 자리 잡고 있다. 검은색 주상절리가 푸른색 바다 속에 안겨 하얀색의 물 구름을 만들어 낸다. 지하에 있던 뜨거운 마그마가 기꺼이 찬 바닷물에 자신의 몸을 맡기고 식어가면서 만들어진 주상절리는 푸른 바다와 멋진 조화를 이루어 우리에게 아름다운 볼거리를 제공한다. 수직으로 서 있는 주상절리는 많이 보았지만, 누워 있는 주상절리는 전 세계적으로도 흔치 않은 모습이다.

020 석회암의 초콜릿힐

김석용, 2013년 2월 @필리핀 보홀섬

필리핀의 세부 남쪽에 있는 보홀섬에는 먹지는 못하고 눈으로만 감상할 수 있는 거대한 초콜릿이 있다. 이름도 초콜릿힐! 보홀섬 최고의 관광 명소인 이곳에는 약 1,200여 개의, 거의 같은 크기의 원뿔 모양 언덕들이 50km²에 걸쳐 흩어져 있는데, 건기에는 갈색으로 변하기 때문에 이런 이름이 붙여졌다고 한다. 볼수록 H사의 키세스 초콜릿과 비슷하다. 얕은 열대 바다의 산호초 퇴적층이 융기한 후 석회질 지층이 빗물에 녹아 없어지면서(용식 작용) 이런 독특한 모양이 만들어졌다. 즉 초콜릿힐은 '솟은 것'이라기 보다는 녹지 않고 '남아 있는 것'이라 할 수 있다.

021 마터호른 아래에서 휴식을

박선은, 2015년 8월 @스위스 체어마트

T 초콜릿 로고 모델로 유명한 마터호른을 보러 간 때는 마터호른 등정 150주년이 되는 해였다. 그래서 사진 ②처럼 밤이 되면 등정 루트를 따라 불을 밝혀 주는 이벤트가 있었다. 사진 ③처럼 당당하고 위엄 있게 보이는 마터호른에 아침 해가 뜰 때면 사진 ④처럼 빨갛게 물들기도 해서, 빙하가 만든 지형의 다양한 변화를 경험할 수 있다. 사진 ①은 스위스 체어마트 관광청 안내도의 26번 코스인 마터호른 빙하길Matterhorn Glacier Trail을 걷다가 점심을 먹기 위해 쉬는 모습이다. 이 트레킹 코스는 마터호른을 계속 조망하며 걸을 수 있고, 빙하 퇴적물과 빙하호도 함께 볼 수 있다. 스위스 체어마트를 가게 된다면 마터호른을 둘러싼 다양한 트레일 중 하나를 골라 걸어 보는 경험을 꼭 해 보기를 권한다.

022 빙하의 몸짓을 기다리며

김숙, 2015년 @아르헨티나 엘칼라파테

멀리서 본 빙하는 아이스크림처럼 흐른다. 아르헨티나 남부 지역, 남위 50°에 있는 페리토 모레노 빙하는 대략 폭 5km, 길이 30km 두께 170m의 규모이다. 배를 타고 가까이 가서 본 빙벽은 수면 위로 보이는 높이만 60~70m라고 하니 아파트 20층보다 더 높은 듯하다. 묵직한 아이젠을 신발에 채우고 빙하 위를 걸을 때의 기분은 위스키 한 잔을 단숨에 마시는 것처럼 아찔하고 황홀하다. 함께 걸은 네덜란드 친구들도 흥분한 모습인데, 네덜란드의 얼어 붙은 운하 위를 스케이트로 달리는 것보다 더 환상적인가 보다. 건너편 빙하 전망대로 가기 위해 배를 기다렸다. 그사이 뚧다 못해 쓴 진홍빛 야생 베리를 먹다 뱉고, 새파란 빙하를 잿빛으로 만든 크고 작은 자갈과 모래를 피해 걸었다. 멀리 무거운 카메라를 든 지리 교사들이 있다. 배가 도착해도 움직이지 않는다. 그들은 빙하가 '쩍!' 갈라지면서 무너지는 모습과 그때의 물보라를 카메라에 담으려 꽤 오랫동안 기다리고 있었다.

무너지는 빙하를 보고 싶기도 하고 두렵기도 한 마음으로.

023 정중동靜中動인 빙하와 빙하 지형

왕훈, 2015년 7월 @스위스 융프라우산

빙하가 깎아 만든 융프라우 산정부는 사진에서처럼 날카롭게 뾰족한 모양을 띤다. 정상 부근에서 반구 모양으로 파인 곳을 권곡이라고 부르고, 여러 개의 권곡이 발달하여 정상에서 만나면 호른이라고 불리는 뾰족한 바위산이 형성된다. 골짜기를 메운 곡빙하는 하류로 내려가면서 바닥이나 골짜기 벽의 암석을 뜯거나 긁어서 그 파편을 운반하는데, 골짜기 벽을 따라 양쪽 측면에서 운반되다 퇴적된 것을 측퇴석이라 하고, 지류의 측퇴석이 본류와 합류하면 중앙퇴석을 이룬다. 사진에서는 띠 모양으로 길게 나타난 2개의 중앙퇴석을 볼 수 있고, 빙하의 갈라진 틈인 크레바스도 보인다.

024 제주 산담

최하나, 2015년 10월 @제주특별자치도 제주시

제주에서 무덤 주위를 둘러싸고 있는 돌담을 산담이라고 한다. 제주에서만 볼 수 있는 독특한 형태의 담으로, 산 자와 죽은 자가 함께 공존하는 제주 특유의 삶의 철학을 보여 준다. 산담은 말이나 소의 방목으로 인한 분묘의 훼손을 막고, 산불이나 병충해를 막기 위하여 쌓은 것으로 전해진다. 또한 제주도는 흙이 적기 때문에 무덤의 봉분이 바람에 날아가지 않게 하기 위해 산담을 설치했다고도 한다. 무덤이 망자의 집이라면 산담은 망자의 집 울타리라고 볼 수 있다. 제주 지역의 산담에는 죽어서도 망자의 혼령이 집으로 찾아오기를 바라는 마음으로 '시문(출입문)'을 만들어 두기도 하였다. 제주도 사람들은 조상의 무덤에 산담을 세우는 것을 매우 큰 일로 여겼는데, 산담을 세우고 비석을 세우면 후손으로서의 역할을 한 것으로 생각하였다.

025 사와디크랍 맥도날드

차혜원, 2012년 8월 @태국 방콕

배낭여행자들의 메카로 유명한 태국 방콕 카오산로드 인근에 위치한 맥도날드 매장이다. 세계적인 다국적 기업이자 패스트푸드 체인점인 맥도날드의 마스코트 '로널드 맥도날드'가 가볍게 머리를 숙이며 두 손을 턱 쪽으로 모아 올리는 태국의 전통 인사법 '와이'를 하고 있다. 맥도날드도 태국에 오는 순간 사와디크랍을 할 수 밖에 없다. 세계화globalization와 함께 지역의 특징에 맞게 변화하는 지역화localization가 동시에 나타나는 글로컬라이제이션glocalization의 사례이다.

026 자동차 번호판에 새긴 독립운동가

김석용, 2013년 2월 @필리핀 마닐라

호세 리살José Rizal(1861~1896)은 에스파냐 치하 때 필리핀의 독립운동가이다. 그가 처형된 자리가 지금의 마닐라 리살 공원이며, 리살 공원에는 리살 기념탑이 있다. 필리핀에서는 이 리살 기념탑의 모양을 자동차 번호판에 새겨 일상에서 독립 영웅을 기리고 있다.[4] 또한 마을마다 리살이라는 이름이 들어간 공원이 조성되어 있다. 우리는 …?

4. 2014년 4월, 리살 기념탑이 없는 디자인으로 자동차 번호판이 변경되었다.

027 쿠스코 골목의 어색한 공존

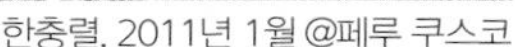
한충렬, 2011년 1월 @페루 쿠스코

타완틴수유Tawantinsuyu(잉카 왕국)의 수도였던 쿠스코는 '세계의 배꼽'이라는 뜻이다. 아메리카 원주민들은 태평양과 대서양으로 고립된 채 다른 세계가 있음을 알지 못하여, 자기들이 사는 곳이 세계의 중심이라고 생각했다. 지리적 고립으로 인해 유럽에서 전파된 전염병에 대한 면역력이 없었던 원주민들은, 1532년 에스파냐 피사로의 공격에 힘 없이 쓰러지게 된다. 이렇게 유럽 문화가 유입된 페루의 수도 쿠스코 거리에서는 과거 타완틴수유 왕국 시절의 초석 위에 새로이 쌓아올려진 정복자의 건물들을 볼 수 있다. 수차례의 대지진에도 견뎌낸 원주민의 초석 위에 에스파냐 양식의 건축으로 다시 재건되었지만 상당히 이질감을 준다. 또한 거리에서는 유럽인의 피를 물려받은 사람들과 함께, 전통의상을 입고 전통 가축 알파카를 데리고 다니며 관광객을 대상으로 사진을 찍게 하여 생계를 유지하는 원주민의 모습도 보인다. 이 모든 것이 어색한 것은 나만의 생각일지 모르겠다. 이 사진을 허락 없이 촬영하고도 모델비를 지불하지 않은 것이 아직도 미안하다.

028 쿠스코의 택시들

한충렬, 2011년 1월 @페루 쿠스코

세계 여러 나라에서 생산되는 거의 모든 자동차가 굴러다닌다고 하는 페루. 남미에서 소득이 비교적 낮은 사람들은 대부분 중고차를 선호한다. 특히 쿠스코의 좁은 골목길을 다녀야 하는 택시는 소형 자동차가 적격이었을 것이다. 한때 우리나라에서 국민차로 인기를 누리다 종적을 감춘 티코 자동차가 페루에서 택시로 다시 태어나 골목골목을 누비고 있다. 한국에서 2001년 생산을 중단하였으니 차체에 이미 부식이 진행된 것도 많고, 실내에서 도로 바닥이 보이거나, 창을 통하지 않고도 외부가 보이는 택시도 있다. 아직 멀쩡하게 달리는 것이 신기할 따름이다.

029 연료로 쓰이는 배설물

김덕일, 2005년 8월 @중국 티베트 자치구

야크yak는 거대한 몸집과 큼직한 머리, 큰 뿔, 튼튼한 다리, 수북하고 긴 털이 단연 압도적인 가축이다. 암컷은 낙nak이라 부른다. 땔감도, 기름도, 태양열도 없이 추위에 맞설 에너지를 얻기 위해서 티베트 고산지대의 사람들은 야크 똥을 가정 연료로 선택했다. 야크 똥은 야크를 방목하는 여름철에 하루 몇 시간씩 수거하여 그대로 말리거나 원반 모양의 번개탄처럼 가공하여 사용한다. 이러한 활용은 인도나 아프리카의 사바나 지역, 몽골의 초원 지대 등에서도 볼 수 있다.

030 명동의 간판

왕훈, 2015년 12월 @서울특별시 중구

명동 한복판에 서면 '여기는 어느 나라일까?'라는 생각이 든다. 서울의 대표 관광특구답게 명동에는 온통 외국어로 넘쳐난다. 이곳은 한국을 방문하는 관광객들이 즐겨 찾는 명소이며, 특히 중국과 일본 관광객이 많이 방문한다. 이들을 주 고객으로 삼는 상점의 종업원들은 중국어나 일본어로 호객 및 안내를 하며, 상점 간판에는 다양한 언어가 섞여 있다.

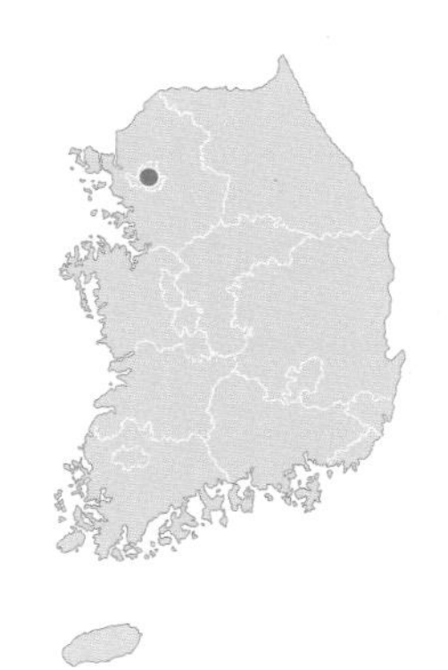

031 동화마을 뒤편에 숨겨진 구도심의 현실

최종현, 2015년 9월 @인천광역시 중구

주말이다. 아이들을 위해 북성동 차이나타운과 송월동 동화마을을 찾아갔다. 하지만 주차 공간이 없다. 주차 공간을 찾아 돌아다니다 보니 송월동 동화마을 뒤편으로 오게 되었다. 그곳에 철거를 기다리는 건물들이 보였다. 아이들은 여기가 동화마을인지를 묻는다. 나는 대답 없이 카메라 셔터를 눌렀다. 동인천 지역은 개항 이후 인천항을 중심으로 성장하였고, 1980년대 중반까지 인천의 도심 역할을 해 오던 지역이다. 요즘은 북성동 차이나타운과 송월동 동화마을 등을 찾는 관광객이 증가하였으며, 송월동 동화마을은 성공적인 도시재생사업의 사례 중 하나로 꼽힌다. 하지만 동화마을 뒤편에는 낙후된 상업 및 주거 시설이 남아 철거와 재개발을 기다리고 있다. 2020년 초, 주차 공간을 찾아 다시 이 근방을 헤맸다. 그리고 사진 속 건물이 있던 곳에 다시 왔다. 사진 속 건물의 일부는 공영 주차장 입구가 되어 있었다. 어떻게 재개발되었을까 궁금했는데, 그곳은 그냥 그렇게 주차장이 되었다.

032 슬로시티인 듯 아닌 듯 전주 한옥마을

최종현, 2015년 5월 @전라북도 전주시

전주 풍남동과 교동 일대에 위치한 한옥마을은 2010년에 슬로시티로 지정되었다. 슬로시티는 급변하는 사회 속에서 느리고 여유 있는 삶을 지향하며, 자연환경과 전통문화 보존을 바탕으로 지역을 매력적인 장소로 만들기 위해 지정된 곳이다. 전주 오목대를 오르는 길에 뒤를 돌아보면 기와 지붕들이 머리를 맞대고 어우러진 전주 한옥마을의 고즈넉한 모습이 눈에 들어온다. 전주 한옥마을의 아침은 고요하고 아늑하다. 시간이 흘러 오후가 되고 저녁이 되면 거리에는 다양한 길거리 음식을 즐기는 사람들로 북새통을 이루고, 쓰레기통에는 쓰레기들로 가득찬다. 전동 킥보드를 대여하여 타고 다니면 슬로시티인 전주 한옥마을의 모습을 빠르게 둘러볼 수도 있다. 상권이 발달하고 사람이 붐비는 한옥마을의 모습 속에서 진정한 슬로시티의 의미가 무엇인지 고민하게 되는 나, 나는 꼰대인가?

033 협동과 단합의 이엉 올리기

신동호, 2009년 4월 @제주특별자치도 서귀포시

일반적으로 가옥의 재료는 주변에서 쉽게 얻을 수 있는 것을 사용한다. 그 예로 평야 지역에서는 지붕의 재료로 볏집을 사용한 초가를 많이 볼 수 있었고, 산간 지역에서는 나무를 활용한 굴피집이나 너와집을 많이 볼 수 있었다. 짚, 풀, 새 등으로 엮어 만든 지붕 재료 또는 그 지붕을 이엉이라 하며, 이엉을 올린 집이 곧 초가이다. 초가는 시간이 지나면 비바람과 병충해로 인해 삭기 때문에 2년에 1번씩 새로 갈아 주어야 하는데, 벼농사가 거의 이루어지지 않는 제주 지역의 경우 초가의 재료는 억새의 일종이지만 좀 더 부드러운 '새'('새'는 제주도의 방언, 표준어는 '띠', 한자로는 '茅(모)'이다.)라는 풀을 사용한다. 특히 제주는 바람이 심하기 때문에 새를 꼬아 만든 굵은 새끼줄로 이엉을 잘 묶어 주는 것이 중요하다. 새끼줄을 꼬는 것은 주로 여성들의 일이고, 이엉을 지붕에 올리고 묶는 작업은 남성들의 일이라 한다. 이렇듯 이엉을 올리고 또 보존하기 위해서는 협동과 단합이 아주 중요하다.

034 동탄 신도시의 랜드마크, 메타폴리스

최종현, 2015년 8월 @경기도 화성시

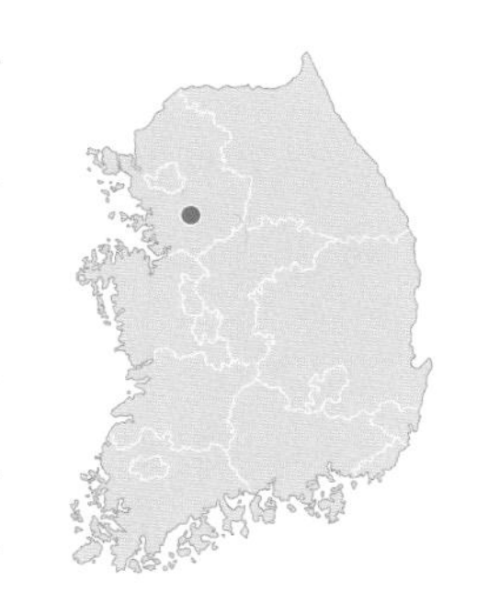

경기도 화성의 동탄 신도시는 운정, 위례, 광교, 판교, 검단, 양주, 한강, 고덕국제신도시 등과 함께 우리나라의 2기 수도권 신도시로 개발되었다. 서울로 밀집된 인구를 분산하기 위해 분당, 일산, 평촌, 산본, 중동의 1기 신도시에 이어 개발한 것이다. 대체로 1기 수도권 신도시보다는 서울과의 거리가 먼 편이다. 동탄 신도시의 랜드마크인 메타폴리스가 보인다. 4개의 고층 건물로 구성된 메타폴리스는 동탄 신도시를 상징하는 초고층의 주상복합 건물이다. 4개 건물 중 101동은 최고 66층에 249m로 서울의 63빌딩과 높이가 비슷하며, 경기도에서 가장 높은 건물이다. 수원의 팔달산에서도 메타폴리스를 볼 수 있으며, 맑은 날에는 메타폴리스에서 서해대교도 보인다고 한다. 200m보다 높은 건물에 거주하는 사람들은 어떤 느낌으로 살고 있을지 궁금하다. 부모님은 1기 신도시인 산본에 살고 계시며, 나는 2기 신도시인 동탄에 자리 잡고 있다. 그렇다면, 아들과 딸은 3기 신도시에…?

035 개선문에서 본 라데팡스

박선은, 2015년 1월 @프랑스 파리

"파란 하늘이야!"를 외치며 개선문으로 달려갔다. 일주일이 넘는 날 동안 우중충한 날씨가 계속되었는데, 파란 하늘을 보는 순간 개선문 정상으로 향한 것이다. 사진의 지평선 끝 멀리 보이는 곳이 라데팡스La Defense로, 루브르 박물관에서 콩코드 광장, 개선문을 지나 일직선상으로 이어지는 곳에 위치한다. 라데팡스는 파리 도심의 건물과 유적을 보존하고, 인구 분산 및 업무 공간 확보를 위해 파리 북서쪽 외곽에 건설한 부도심이다. 1958년부터 30여 년 동안 개발한 곳으로, 도로, 철도, 지하철, 주차장이 모두 지하로 배치되어 있는 보행자 중심 구역이다. 지상은 보행자들이 자유롭게 걸어 다닐 수 있고, 미로나 세자르 등 현대 미술가의 조각품이 전시되어 있어 야외 미술관 같은 느낌이 든다. 라데팡스를 갔을 때 점심시간을 이용해서 조깅을 하는 사람을 보았다. 50여 년 전에 이런 도시를 상상할 수 있었던 사람들은 과연 누구였을지 궁금하다.

036 파리의 랜드마크, 에펠탑

이태우, 2015년 12월 @프랑스 파리

프랑스라고 하면 파리가 떠오르고, 파리라고 하면 에펠탑이 먼저 떠오른다. 이 에펠탑의 이미지에 매료되어 수많은 관광객들이 파리를 찾고 있다. 이렇듯 랜드마크는 해당 지역을 대표하는 경관이다. 우리 동네, 나아가 한국을 대표하는 랜드마크는 무엇일까? 딱히 잘 떠오르지 않는다. 에펠탑은 파리의 다른 경관들에 비해 비교적 역사가 짧다. 어쩌면 우리도 서울과 한국을 대표하는 랜드마크를 만들어 낼 수 있을지도 모르겠다. 그래서 여러 정치인들이 서울에 다양한 건축물을 남기기 위해 애쓰는 게 아닐까 하는 생각이 든다. 그렇지만 이런 시도는 매우 신중하게 이루어져야만 할 것이다. 자칫 잘못하면 랜드마크가 아니라 커다랗고 괴상한 건축물을 새겨 놓는 데 그칠 수 있기 때문이다.

037 집집마다 새를 키우나?

김석용, 2012년 1월 @남아프리카공화국 아굴라스

아프리카 대륙 최남단인 아굴라스나 희망봉 주변은 바람이 아주 강하다. 그래서 배가 난파를 잘 당하는 곳이다. 바람이 강한 날에는 바람이 굴뚝으로 역류해 들어와 곤란한 일을 당할 때가 많다고 한다. 그래서 바람이 굴뚝 안으로 들어오지 못하도록 새 모양의 독특한 바람막이를 만들어 굴뚝마다 세워 놓았다.

038 거울 대신 대리석을 활용한 가옥

김석용, 2005년 7월 @중국 윈난성

중국 윈난성雲南省의 다리大理에서 생산되는 암석은 독특한 무늬의 아름다움을 뽐낸다. 바로 이곳의 지명을 딴 대리석이다. 대부분의 중국 집이 그렇듯 이곳에서도 사방이 건물(방)로 둘러싸인 사합원 가옥 구조가 일반적인데, 사방이 건물로 둘러싸이면 햇빛이 잘 들지 않게 되므로 낮에도 어두운 편이다. 하지만 다리에서는 한쪽 벽을 밝은색의 대리석으로 장식한 후 거울처럼 햇빛을 반사하게 만들어 집을 밝게 한다.

039 해류가 옷을 벗긴다

김석용, 2008년 1월 @브라질 리우데자네이루

리우데자네이루의 자연적 랜드마크인 화강암 돔dome이 멀리 보인다. 부산의 해운대와 같은 리우의 코파카바나 해변이다. 많은 사람들이 산책과 조깅을 하고 있다. 아침 8시 50분인데도 상당히 더운가 보다. 많은 사람들이 웃옷을 벗고 다니는 것을 쉽게 볼 수 있다. 이들은 왜 웃옷을 벗을까? 오히려 적도에 더 가까운 태평양의 페루 리마에서는 전혀 볼 수 없었던 리우만의 아침 풍경이다. 이는 해류의 차이에서 기인한다. 리우는 난류인 브라질 해류가 지나는 곳이고, 리마는 한류인 페루 해류가 지나는 곳이다. 즉, 온탕 옆에 사는 것과 냉탕 옆에 사는 것의 차이인데, 난류 옆인 리우는 따뜻할 뿐만 아니라 습도가 아주 높다. 리우는 1년 내내 우리의 한여름과 같다. 끈적끈적한…. 그러니 벗을 수밖에.

040 서안 해양성 기후 지역의 물골

이해창, 2016년 1월 @스위스 취리히

1년에 내릴 강수량의 대부분이 여름에 집중되는 우리나라와는 달리 서유럽 지역은 1년 내내 고른 강수 형태를 보인다. 돌로 만들어진 바닥을 자세히 보면 얕은 깊이로 물골이 나 있는 것을 볼 수 있다. 물골을 깊지 않고 얕게 만들어 놓은 이유도 연중 고르게 조금씩 내리는 강수 특성 때문일 것이다. 겨울에도 조금씩 자주 내리는 비, 그 비가 올 때마다 우산을 펴는 것은 참 귀찮은 일이다. 유럽에서는 '겨울철에 우산을 쓴 사람은 관광객'이라는 우스갯소리도 있었다. 이제 전 지구인에게 생활 방수가 기본인 고어텍스Gore tex가 있어서 관광객과 현지인의 구분이 어려워지고 있다.

041 사라져가는 소금 생산 공장, 염전

정명섭, 2009년 8월 @충청남도 태안군

멋진 지리 사진을 찍어 보자는 마음으로 서해안 태안반도로 갔다. 누런 벼가 자라는 논 같은 곳에서 하얀색의 소금이 자라고 있다. 논이 아니고 염전이다. 진흙 바닥에 물이 고인 곳이 논이라면, 염전에는 타일 바닥에 물이 고여 있다. 일하는 아저씨에게 다가갔다. 아저씨의 얼굴은 햇빛에 타 검게 그을려 있었고, 얼굴에 깊게 패인 주름을 타고 굵은 땀방울이 흘러내렸다. 조심스럽게 질문을 했다. "죄송하지만 소금 생산하는 모습을 사진에 담고 싶은데, 사진 촬영을 해도 될까요?" 아저씨는 부끄러워하며 "얼굴은 나오지 않게 찍게나" 한다. 고마운 마음을 갖고 카메라 셔터를 마구 눌러 댔다. 그러나 이제는 염전과 그곳에서 일하는 아저씨의 모습을 보기 어렵다. 인건비 상승과 값싼 중국산 소금 수입으로 인해 염전이 하나둘씩 사라지고 있기 때문이다. 그래서 어느 사진보다 소중한 사진이다. 혼자 생각해 본다. '이제 어디에 가면 염전을 볼 수 있을까?'

042 증기기관차의 필수품, 급수탑

안영자, 2008년 1월 @페루 쿠스코 / 2010년 10월 @경기도 연천군

증기기관차의 연료는 석탄이지만 물이 없으면 증기도 없으므로 중간에 물을 공급해 주어야만 하는데, 그 시설이 바로 급수탑給水塔이다. 왼쪽 사진은 페루의 쿠스코에서 푸노로 가는 철도의 급수탑인데, 아마존강과 티티카카호의 분수계인 라라야 고개(4,335m)를 넘기 직전이므로, 세계에서 제일 높은 곳(4,064m)에 설치된 급수탑이다. 오른쪽 사진은 등록문화재 제45호인 경원선 연천역의 두 급수탑이다. 상자 모양인 오른쪽 급수탑은 경원선의 개통 무렵인 1914년부터 있었던 것이고, 왼쪽의 원통형 급수탑은 1930년대 중반에 세운 것이다. 둘 다 콘크리트로 지어졌으며, 원통형 급수탑은 높이가 23m에 이른다. 위의 볼록한 부위에는 물탱크가 들어 있고, 밑의 몸통에는 양수기와 물탱크로 물을 끌어올리고 내려보내는 관이 설치되어 있다. 급수탑을 높게 한 것은 낙차가 커야 기관차로 물을 빨리 보낼 수 있기 때문이다. 우리나라에는 2020년 현재 20곳에 급수탑이 남아 있다.

043 세상을 향한 관심

조성호, 2012년 1월 @모로코 페스

위성방송을 시청하기 위한 안테나가 같은 방향을 향하고 있는 모습이 인상적이다. 모로코 페스에서 오래된 미로 골목길만큼이나 유명한 것은 바로 '지붕 위의 흰 꽃'이라 불리는 위성 안테나이다. 자국 방송에 대한 수요와 관심이 적기 때문에 나타나는 현상이라는 의견도 있다. 유럽과의 거리가 가까운 것도 위성방송 수신용 파라볼라 안테나를 설치하는 데 영향을 주었을 것이다. 유럽 방송을 시청하기 때문일까? 지중해 연안의 북아프리카인들 중에는 유럽을 선망의 대상으로 여기는 사람들이 많다고 한다.

044 지중해를 건너기 위해

김덕일, 2012년 1월 @모로코 탕헤르

모로코의 탕헤르는 지브롤터 해협을 두고 유럽의 에스파냐와 연결되는데, 그 거리는 27km에 불과하며 연락선이 다니고 있다. 모로코에서 에스파냐로 건너가는 버스 엔진룸에 숨어서 지중해를 건넌 후, 자신들의 삶을 바꾸고자 시도하는 아이들이 끊이지 않고 있다. 경제적 빈곤 때문이다. 그래서일까? 모로코에서 에스파냐로 가는 관광버스가 정차하는 곳에서는 어김없이 어린 아이들이 버스 주변을 서성거렸다.

045 한계령? 오색령?

김석용, 2012년 8월 @강원도 인제군, 양양군

인제군에서는 한계령을, 양양군에서는 오색령을 주장한다. 과연 한계령일까, 오색령일까? 이러한 지명 분쟁 지역들이 대관령 등 여러 곳에 있으며, 각자 나름대로 주장의 근거를 갖추고 있다. 과거로 거슬러 올라가면 주민들은 어떻게 생각하고 있었을까? 이곳을 고개라고 인식하며 이용한 사람들이 어느 쪽에 많았는지도 주장의 근거로 삼을 수 있을 것 같다.

046 꿈꾸는 사진기

박병석, 2015년 1월 @경기도 양평군

'꿈꾸는 사진기'는 시골 언덕에 있다. 언뜻 보면 사진기 같은데, 사실은 사진기 모양의 2층짜리 작은 건물이다. 안에는 다양한 종류의 사진기가 전시되어 있다. 이 사진기 건물은 젊은 부부가 운영하는 카페로서, 방문객들은 이곳에서 커피와 케이크 등을 먹을 수 있다. 지리적으로 보면 입지 조건이 서울에서 가깝고(사장님의 말씀), 전망이 좋은 곳에 자리 잡고 있다. 무엇보다 건물을 사진기 모양으로 디자인한 창의성이 지역에 생기를 불어넣어 주며, 또 우리를 행복하게 해 준다.

047 스쿠터로 남아프리카공화국에서 아일랜드까지

김석용, 2012년 1월 @남아프리카공화국 케이프타운

아프리카 대륙의 남쪽인 남아프리카공화국에서부터 아프리카 대륙을 종단한 후 유럽을 지나 아일랜드까지 4명이 스쿠터를 타고 간다는 포스터를 보았을 때, 그들의 선행善行보다도 막힘이 없는 그들의 공간 인식, 그리고 그러한 꿈을 꾸고 실행할 수 있다는 현실이 부러웠다. 왜 우리는 그렇게 할 수 없는 걸까? 우리는 언제까지 섬 아닌 섬에서 살아야 하는 걸까? 우리에겐 대륙적 기질의 DNA가 얼마나 남아 있을까? 케이프타운에서 어쩌다 본 포스터 한 장이 나를 혼란스럽게 한다.

048 무슬림의 북극성, 메카

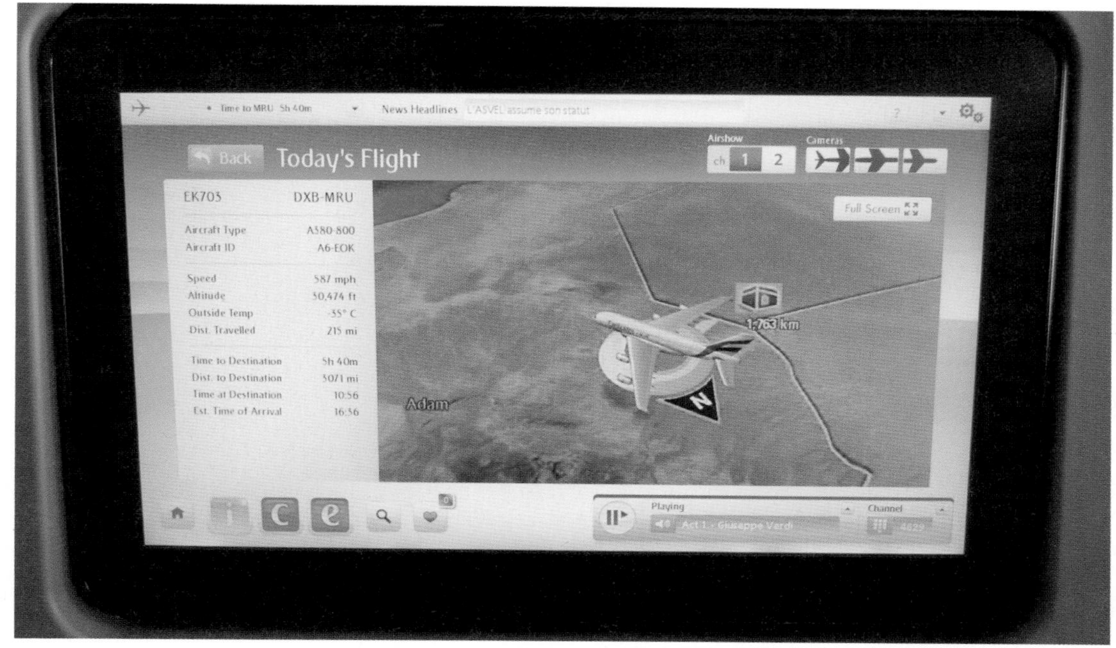

조해수, 2015년 11월 @에미레이트 항공 비행기 안

이슬람 제1의 성지이자 가장 신성한 장소인 메카(마카, 무슬림의 마음이 향하는 곳)[5]는 무함마드가 최초로 이슬람을 선언한 곳이며, '모든 도시들의 어머니'라 불리는 가장 성스러운 도시이다. 무슬림은 여행을 감당할 수 있다면 일생에 한 번 이상 메카 순례를 떠나야 하며, 하루에 다섯 번씩 메카를 향해서 기도를 해야 한다. 따라서 무슬림에게 메카의 위치는 일상에서 매우 중요하다. 어쩌면 무슬림의 일상 속에 체화된 메카 위치는 북극성처럼 나의 위치를 확인하는 방위표 역할을 하고 있을지도 모른다. 에미레이트 항공 등 이슬람 국가의 비행기에서는 비행기의 진행 방향뿐만 아니라 메카의 위치도 함께 보여 준다.

5. 1980년대 사우디아라비아 정부는 공식 표기를 '메카'에서 '마카'로 변경했는데, 이는 중요한 장소를 가리키는 비유적 표현인 '메카'와 이슬람 성지를 구별하기 위해서이다.

Ⅱ. 경계에서는 꽃이 핀다

우주는 소립자, 세포, 지구 등
수많은 개체로 구성되어 있다.
개체 사이에는 경계가 있다.
경계가 없으면 세계는 존재하지 않거나,
존재에 대한 의식 자체가 없다.

해로운 세균이나 부적절한 문화 또는 자본이
다른 경계를 넘나들 때 문제가 발생할 수 있다.
그러나 경계는 완전히 닫혀 있지 않다.
경계가 닫혀 있는 생명체와 생태계는 곧 죽음을 뜻한다.
경계를 통해 외부와 적절하게 소통할 때
생명체와 생태계는 더욱 안정되고, 활성화된다.

경계의 의미와 범위는 생각에 따라 달라진다.

이처럼 공간에서 볼 수 있는 다양한 경계를 보며
경계의 개념에 대한 새로운 해석을 통해
세상의 평화를 증진시키고자 자리를 마련하였다.

049 석양 하늘, 그 해넘이의 경계

박병석, 2010년 10월 @서울특별시 동작구

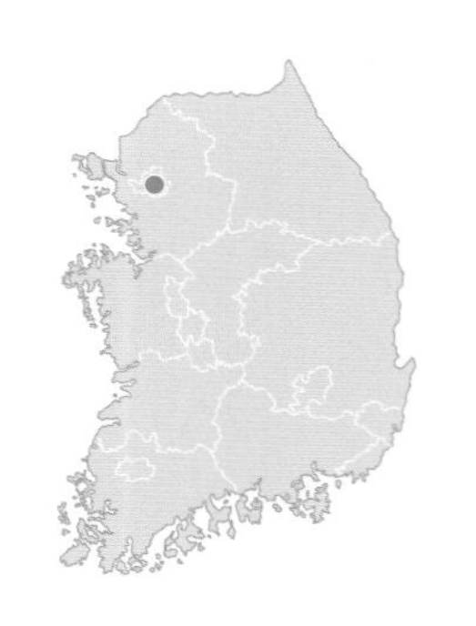

우주는 에너지와 물질로 되어 있다. 우주의 일부인 지구와 인간 또한 에너지와 물질로 되어 있다. 지구는 크게 육지와 바다로 되어 있으며, 육지는 다시 산맥, 고원, 하천, 평야 등으로 구성된다. 그리고 그곳에서 기후와 식생이 나타난다. 이 모든 지리 현상은 일정한 형태와 경계가 있으며, 모두 에너지와 물질의 순환 과정에 속해 있다. 사진 속 하늘과 도시 또한 그러하다. 지구상의 모든 공간은 장소로 구성되어 있고, 장소는 경계가 있다. 경계의 의미와 범위는 상황에 따라 달라지는데 먼저 지형, 암석, 기후, 식생에 따른 비인간non-human 경계들이 있다. 그런가 하면 개인, 집, 이웃, 지역, 국가, 대륙, 지구에 걸친 다양한 스케일의 장소와 영역이 있고, 그에 따른 경계가 있다. 이들은 서로 다양하게 얽혀 있다. 서로 이용하거나 돕는 등 호혜적인 경우도 많지만, 파괴하고 착취하거나 죽이는 등 적대적인 경우도 적지 않다. 이런 모든 것들은 공간과 관련하여 일어나므로 지리적이다.

050 땅의 경계

이태우, 2015년 1월 @뉴질랜드 마나와투왕거누이 통가리로국립공원

태평양을 둘러싸고 있는 안데스산맥, 로키산맥, 일본, 필리핀, 뉴질랜드는 서로 연장선상에 있는데, 이를 환태평양 조산대라고 한다. 지구의 표면은 크게 10여 개의 판들로 이루어져 있다. 이 판들이 서로 부딪치는 경계의 틈을 따라 마그마가 올라와 화산과 호수(화구호, 칼데라호)가 생긴다. 그리고 이러한 화산에는 눈이 많이 쌓여 있으며, 화산 주변의 주민들은 이 눈 녹은 물로 농사도 짓고 생활용수로도 쓴다. 사람들은 이런 높은 산을 보면 신비한 느낌에 휩싸이게 된다. 너무 높고 추워서 접근하기 어렵기 때문에 사람들은 경외를 느끼며 신앙의 대상으로 삼을 정도이다. 실제로 뉴질랜드의 마오리족은 살고 있는 지역의 산과 하천을 조상으로 섬긴다. 그중 통가리로산에서 시작하는 왕거누이강이 사람임을 뉴질랜드 국가가 법적으로 인정하였다. 현재 마오리족과 정부가 각각 임명한 2명의 대리인이 신탁 관리자가 되어 강의 권익을 위해 대변자로 활동하고 있으며, 막대한 예산도 투입된다. 사람들은 이 강의 일정 영역 안에서 술을 마시면서 떠들 수 없다. 마오리족의 애절함에 답한 것일까? 통가리로산의 눈보라를 화산이 멈추게 했을지도 모른다는 동화 속 이야기가 사실처럼 느껴진다.

051 신들의 탁자, 판상절리

정명섭, 2016년 11월 @경상북도 문경시

수백 수천 년 동안 땅 속 깊은 곳에 있던 거대한 암석 덩어리가 땅 위로 드러나면서 드디어 꽉 막혔던 숨통이 트인다. '허억!' 갑작스럽게 숨통이 트였는지, 절대 갈라지지 않을 것 같았던 암석 덩어리가 옆으로 긴 금이 간다. 답답했던 깊은 땅 속에서 나와서인지 암석 덩어리는 긴 금이 가며 갈라져도 싫어하는 내색 하나 보이지 않는다. 그리고 신들에게 기꺼이 탁자로 자신을 내어 준다. 이렇게 널빤지 모양의 갈라진 틈을 판상板狀절리라고 한다. 한탄강 일대나 제주도 등과 같이 과거 화산이 폭발한 곳에서 볼 수 있는 기둥 모양의 갈라진 틈이란 뜻의 주상절리는 많은 사람들이 알고 있으나 판상절리는 사람들에게 생소한 단어이다. 하지만, 판상절리는 주상절리보다 우리 주변에서 더 쉽게 찾아볼 수 있다.

052 풍경이 비현실적인 남인도의 함피와 경주의 공통점

박병석, 2013년 1월 @인도 함피

남인도의 함피에 가면 책상만한 화강암 바위들이 사방에 널려 있는 것을 볼 수 있다. 그리고 그 가운데에 화려한 힌두교 사원과 궁전이 있으며, 그 옆으로 맑은 강물이 흐른다. 지금은 그저 논밭이 있는 시골이지만 우리나라의 조선 초기에 해당하는 과거에는 남인도를 지배하던 한 나라의 도읍지였다. 함피는 우리나라의 경주와 몇 가지 점에서 닮았다. 둘 다 고대 국가의 도읍지였고, 기반암인 화강암으로 만든 종교 예술품이 있어 유네스코 세계문화유산으로 등록되어 있다는 점이다. 불국사의 축대, 다보탑, 석가탑을 비롯해서 경주 남산에도 신라 사람들의 숨결이 가득 담겨 있다. 서울 남산에도 화강암이 많아 그것을 이용하여 성곽을 만들었다. 화강암 지대는 물이 적어 소나무가 많다. 그래서 애국가에 '남산 위에 저 소나무'라는 가사가 나온다. 건물과 조각품을 만들기 위해 화강암을 깰 때에는 바위에 직선으로 여러 개의 구멍을 뚫고 물을 부어 얼리거나 나무를 넣어 팽창시킨다. 또 망치로 정을 박아서 때리기도 한다. 사진에서 볼 수 있는 가공 과정의 자취는 서울이나 경주 남산, 남아메리카 잉카 문명 등에서 볼 수 있다.

053 풀이 잘 자라지 않는 거친 땅, 고비

권태룡, 2016년 7월 @중국 닝샤 후이족 자치구

황톳빛 사구가 왠지 묵직해 보이는 고비 사막Gobi Desert은 우리나라에서 제일 가까운 사막이다. 모래가 전부일 것 같은 이 사막에는 오히려 거친 암석과 자갈이 더 많다. 물이 없어 생활하기 힘든 지역을 몽골어로 고비라고 하는데, 고비 사막은 하나의 커다란 사막이 아니라 수많은 고비와 오아시스들의 연속으로 이루어진 것이다. 사진은 중국 4대 사막 중 하나이면서 황사의 발원지인 '텅거리' 고비의 사구와 '천아호'라는 오아시스의 모습이다. 이곳에 가기 위해서는 닝샤 후이족 자치구의 성도인 인촨銀川에서 2시간 정도 차를 타고 농경과 목축의 경계인 만리장성을 넘어야 한다.

054 소금 결정의 경계

박병석, 2005년 1월 @볼리비아 우유니

안데스산맥의 우유니 소금사막에서는 퇴적된 소금들이 육각형 모양의 경계를 이루고 있다. 육각형 모양이 되는 이유는 물이 증발하며 소금이 퇴적되는 과정에서 가장 안정적인 육각형 모양을 이루며 수축하기 때문이다. 마침 내린 비로 인해 얕은 호수가 된 이곳을 자동차들이 물을 튀기면서 달린다. 이 호수는 끝이 보이지 않는다. 멀리 산맥이 희미하게 보일 뿐이다. 호수에서는 소금을 삽으로 퍼서 트럭에 싣는 장면도 볼 수 있다. 이 소금은 어떻게 만들어진 것일까? 많은 사람들은 산맥이 바다에서 올라올 때 함께 따라 올라온 바닷물 때문이라고 생각한다. 그러나 그것 때문만은 아니다. 주변의 산지에서 하천을 따라 내려온 물이 사방이 산지로 막힌 곳에 고였다가 증발할 때 소금 성분과 여러 광물질들이 남아 퇴적된 것이다. 면적이 우리나라의 경기도 크기 정도인 우유니 사막의 소금 두께는 수 미터이며, 이 퇴적층에는 소금뿐 아니라 리튬도 엄청나게 들어 있다. 만약 이 호수에 더 많은 비가 내리고 바다로 연결되는 물길이 있었다면 지금의 소금 호수가 될 수 없었을 것이다. 사하라, 호주, 미국 등의 사막에도 소금 호수가 많이 있다.

055 안과 밖의 경계, 우데기

유승상, 2013년 1월 @경상북도 울릉군

울릉도는 눈이 많이 내리는 곳이다. 많은 눈이 내리면 집 안에 갇히게 되어 밖으로의 출입이 어렵게 된다. 그래서 생긴 것이 바로 우데기(방설벽)이다. 우데기는 경계를 만들어 안과 밖을 구분하게도 하지만 눈과 찬바람으로 인해 밖에서의 활동이 제약될 때 우데기 안쪽에 실내 공간(축담)을 확보하여 땔감을 저장하거나 이동통로로 이용할 수 있다. 울릉도 사람들은 주변에서 쉽게 구할 수 있는 억새, 싸리나무, 옥수수대, 판자 같은 재료로 처마 밑에 우데기를 만들어 왔다. 우데기의 원형은 문화재로 지정된 전통가옥에서만 볼 수 있지만, 현대화되어 변형된 형태의 우데기는 여전히 울릉도에 남아 있다.

056 다시 '핫플'이 된 문래동

조해수, 2015년 4월 @서울특별시 영등포구

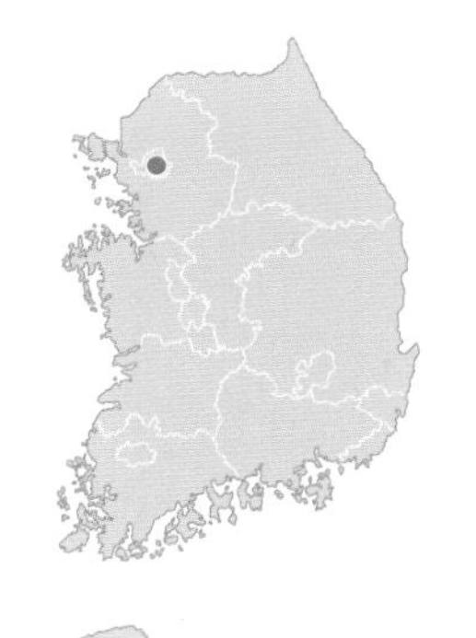

1900년대 초 이곳은 모랫말이라고 했을 정도로 평평했고, 경인선과 경부선이 만나는 곳이었으며, 인천으로 가는 길목이자 서울로 가는 길목이었고, 대도시의 주변 지역이어서 당시엔 최고로 주목받는 곳이었다. 돈 많은 일본인들과 어떻게든 서울에서 살아보려는 사람들이 하나둘 모여들었다. 1930년대에는 군수·방직·제분 공장이 들어섰고, 넘치는 사람들을 위해 오늘날의 토지주택공사에 해당하는 '주택영단'은 이곳에 집단 주택 단지를 만들었다. 1960년대에는 금속 가공업, 철재상이 자리 잡으면서 서울을 대표하는 공업단지가 되었으며, 영단주택을 철공소로 개조할 정도로 번성했다. 하지만 1990년대 이후에는 대형 공장들이 이전해 나가면서 철강 산업이 쇠퇴하기 시작했다. 이후 예술인들이 이곳을 다시 주목했다. 철공소 2층에서는 시끄러운 예술 작업이 가능했고, 임대료도 저렴해서 점차 예술인들이 몰렸다. 어느덧 '문래창작촌'이라는 이름도 붙었다. 예술인들은 계속해서 지역 주민들과 함께 공공 예술 작품을 만들며 경계를 허물고 있다. 또한 다른 장르의 예술인과 협업을 통해 예술의 경계도 넘나들고 있다. 이곳은 다시 '핫플'이 되었다.

057 홍수 때의 경계, 육갑문

김석용, 2007년 2월 @타이완 타이베이

서울에 한강이 있듯이 타이베이臺北시에는 단수이淡水河강이 흐르고 있는데, 계절풍과 태풍의 영향으로 인해 강수량의 계절 차이가 매우 크다(월 최소 강수량 70mm, 월 최대 강수량 320mm). 따라서 하천의 범람에 대비한 제방(차수벽)과 수문(육갑문)을 설치하였는데, 사진에서 보듯 그 높이가 대단하다. 자동차가 통과하고 있는 곳이 육갑문이 있는 곳인데 홍수 때에는 철문을 닫아 침수를 방지한다. 한강 주변의 강변북로와 올림픽대로 곳곳에도 한강 범람을 막는 숨은 영웅인 육갑문이 30여 개 설치되어 있다. 올림픽대로나 강변북로는 워낙 높은 제방인데다 자동차 전용 도로여서 한강 접근이 어려운 시민들의 한강 접근을 위해 설치된 시설이기도 하다. 육갑문이 활약하지 않아도 될 만큼 내년 우기에는 비가 적당히 내렸으면 좋겠다.

058 그리드

박상길, 2016년 7월 @호주 서호주주

그리드grid는 호주 여행에서 쉽게 볼 수 있는 장치이다. 그리드는 도로를 넘나들 정도로 규모가 큰 기업적 방목장에서 가축과 야생동물의 이동을 제한하는 격자형 경계선이다. 타 대륙과 오랫동안 격리된 호주는 동식물 등 생태계가 독특하다. 하지만 인간과 함께 들어온 외래종인 들고양이와 들개는 호주의 소형 포유류를 마구 잡아먹고 있으며, 야생 염소와 낙타는 반건조 초원 지역의 식생을 초토화시키고 있다. 서호주주에서도 외지인 샤크 베이Shark Bay 지역에서는 여러 겹의 그리드를 설치해서 외래 포유류의 이동을 막아 토종 소형 포유류와 식생을 보호하고 있다.

059 냉전 2016

제2차 세계대전 이후 수십 년 세월 동안 인류는 이데올로기의 덫에 갇혀 있었다. 공산주의와 자본주의의 대결 구도는 모든 가치를 압도하면서 인류사에 큰 영향을 미쳤다. 특히 한반도는 분단의 아픔과 함께 분단에서 파생된 또 다른 아픔을 수도 없이 겪어야만 했다. 인류가 이데올로기의 덫에서 벗어난 지 30여 년, 이제 자본주의와 공산주의는 뒤섞여서 나라별로 자국의 이익을 도모하는 데 선택적으로 활용되고 있다. 하지만 한반도는 여전히 이데올로기의 덫에서 벗어나지 못하고 있다. 한반도에서 이데올로기는 빛바랜 사진

임병조, 2016년 6월 @경기도 파주시

이 아니라 시퍼런 현실이다. 경계를 만든 지 70년, 인류사와는 별개로 경계가 강화되고 있는 현장이 바로 한반도이다. 도라산 전망대에서 바라본 남한 마을(파주시 대성동)과 북한 마을(개성특별시 기정동) 사이에 묵직하게 낀 황사가 한반도의 현실을 얘기하는 것 같아 마음이 무겁다. 이 경계에서도 꽃이 피길 기대하고 기도한다.

060 남방한계선

김덕일, 2007년 8월 @강원도 양구군

무엇이 우리를 한계 짓게 하는가? 철조망과 지뢰와 감시는 단지 눈에 보이는 것일 뿐이다. 이런 지역을 접경接境 지역이라고 하는데 그동안 접경 지역 근처에 사는 사람들의 의식과 공간에 많은 제약이 있었을 것이다. 강원대학교 DMZ HELP 센터의 소개로 접경 지역을 답사하다가 지뢰가 매설된 남방한계선을 보며 분단의 비극이 몸으로 느껴졌다.

061 강 너비가 천 리인 한강 하구

박병석, 2016년 7월 @인천광역시 강화군

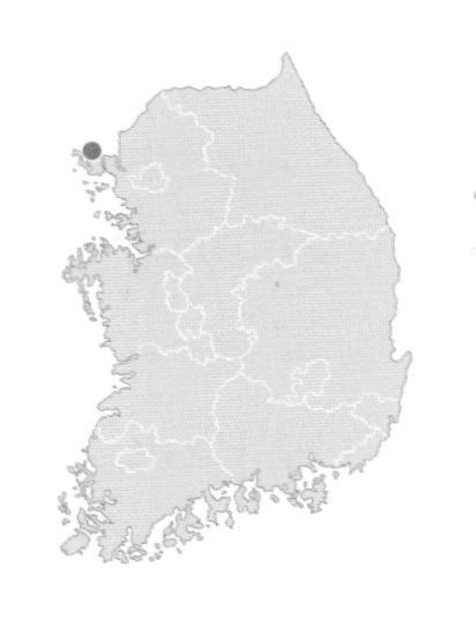

사진에서 물 건너 보이는 곳은 북한이다. 강화도 북쪽에서는 북한이 이렇게 가까이 있다. 망원경으로 보면 집과 길, 논, 그리고 일하는 사람들의 모습도 잘 보인다. 사진을 보면 먼쪽으로 개성을 품고 있는 송악산이 뚜렷하게 보인다. 인천광역시 강화도와 교동도에서 북한의 황해도까지의 직선 거리는 2.3km 정도 밖에 되지 않는다. 6·25 전쟁 때 황해도에서 피난 온 분들의 말에 따르면 이곳을 헤엄쳐서 오갔다고 한다. 피난 왔어도 필요하면 북쪽에 가서 일을 보고 왔는데, 이제 다시는 갈 수 없게 되었다. 당시에는 이렇게 오랫동안 헤어질 줄 몰랐다고 하며, '격강천리隔江千里'라는 말을 한다. 강 사이가 천 리처럼 느껴진다는 말이다. 피난민들은 가족과 친구들과 마을과 헤어진 채 70년을 살아 왔다. 강화에는 생활 기반이 없어서 간척을 하는 등 힘들게 살아야 했다. 지금은 많은 분들이 돌아가셨고, 남은 분들은 갈수록 적어진다. 황해도 연백에서 피난 온 사람들이 모여 사는 교동도에는 대룡시장이 있다. 마을 사람들은 고향 지명을 상호로, 집은 고향의 집처럼 지었다. 이들은 물 건너 산천을 바라보며 고향을 그리워한다. 세계에서 유일하게 분단된 민족의 아픔이다.

062 중조변경

김덕일, 2007년 8월 @중국 지린성

중조변경中朝边境이란 중국과 조선, 즉 북한과의 경계를 의미한다. 한반도와 중국의 경계는 압록강과 두만강인데, 두만강의 폭은 의외로 좁다. 이렇게나 좁은 강폭이 우리의 왕래를 가로막고 있는 것이 아쉽다. 광주지리교육연구회 소속 선생님들과 비 오는 날 두만강에서 뗏목을 타고 국경을 둘러보았다. 그리고 오랫동안 그곳을 쳐다만 보다가 돌아와야 했다.

063 아이들은 알까?

박병석, 2008년 8월 @인천광역시 옹진군

남한의 서해 최북단에 있는 백령도의 북쪽 해안에는 북한 배들이 공격해 오지 못하게 사진과 같은 방어 시설을 갖추었다. 그러나 오랜 세월이 지나 철골 구조물은 녹슬었고, 파도로 콘크리트 구조물도 무너졌다. 속살을 드러낸 아이들이 전쟁 같은 것은 모른 채 평화롭게 장난치며 이 속에서 놀고 있다. 빨리 평화로운 관계가 만들어지기를, 나아가 통일이 되기를 꿈꾼다. 백령도는 지리적으로 참 특이한 섬이다. 동쪽의 해수욕장은 세계적으로 몇 안 되는 천연 활주로이다. 그리고 북쪽 얕은 바다에는 현무암 덩어리들이 있어서 과거에 화산 폭발로 인해 마그마가 흘러나온 적이 있다는 것을 알 수 있다. 그런가 하면 서쪽에는 한반도에서 가장 오래되고 단단한 규암 절벽과 촛대바위(시 스택)들이 있어서 배를 타고 돌면서 보는 그 풍경이 새롭고 아름답다. 바다에는 수많은 가마우지들이 물속에서 물고기를 잡는 것을 볼 수도 있으며 자갈로 된 해수욕장도 멋지게 펼쳐져 있다. 관광지로서의 자원들도 얼마나 많은 곳인가!

064 헤엄치지 않아도 건널 수 있을 두만강

박배균, 2015년 2월 @중국 지린성

어두운 밤. 저 강을 건너야만 한다. 그러나 국경인 강을 따라 군인들이 철저하게 감시하고 있으니 잘못하면 총에 맞아 죽거나 잡혀서 수용소에 끌려가 인간 이하의 취급을 받다가 가족 아무도 모르게 죽을 수도 있다. 숨을 죽이고 기다리다 보초가 멀어졌을 때 재빨리 강에 뛰어든다. 그리고 조용조용히 강을 건넌다. 두만강을…. 현재 우리나라에는 탈북 주민들이 35,000명 정도 살고 있다. 이들 중 대부분은 두만강 하류를 건너 왔다. 두만강을 헤엄쳐서 건너기도 하지만 두 발로 물속을 걷거나 얼음 위를 걸어서 탈북한다. 겨울에는 강이 얼어 있어서 쉽게 두 나라를 넘나들 수 있다는 것을 알 수 있다. 두만강을 건너면 조선족이 거주하는 옌볜조선족자치주가 있다. 탈북자들은 이곳의 조선족과 연결되어서 도움을 받는 경우가 많다. 두만강은 그 폭이 압록강보다 훨씬 좁다. 19세기 말 이후 많은 동포들이 두만강을 건너가 농사를 지었고, 지금도 많이 살고 있다. 안수길의 소설 『북간도』와 박경리의 소설 『토지』에 당시의 사정이 잘 나타나 있다.

065 단절하기도 연결하기도 하는 두만강의 다리

박배균, 2015년 2월 @중국 지린성

투먼圖們시에서 강 건너편에 있는 북한 땅을 바라본다. 중국 옌볜 조선족자치주의 투먼은 창춘長春과 지린吉林 등의 내륙과 훈춘琿春이나 북한의 나진 선봉을 연결하는 교통 요지이다. 그만큼 북한과 연결된 이 다리가 중요하다. 다리 한가운데에는 중국과 북한의 국경선이 있다. 이곳에 입장료를 내고 들어가면 다리 초입의 철판에 한자와 한글로 '변경선'이라고 쓰여 있다. 한글이 있는 이유는 이곳이 조선족자치주이기 때문이다. 이 철판은 절대 건널 수 없다. 다리 건너편에는 김일성과 김정일의 초상화가 크게 그려져 있어 완전히 다른 나라임을 알게 한다. 남한 사람과 중국 사람은 두만강까지 자유롭게 올 수 있으나 북한 사람은 그럴 수 없다. 북한은 통행 제한이 아주 심해서 시와 군을 넘어갈 때에도 검문을 받는다. 그래서 통행증을 발급 받아야 하는데 그것이 쉽지가 않다고 한다. 북한은 각종 경계가 국토 전체에 걸쳐 있는 곳이다.

066 개조심

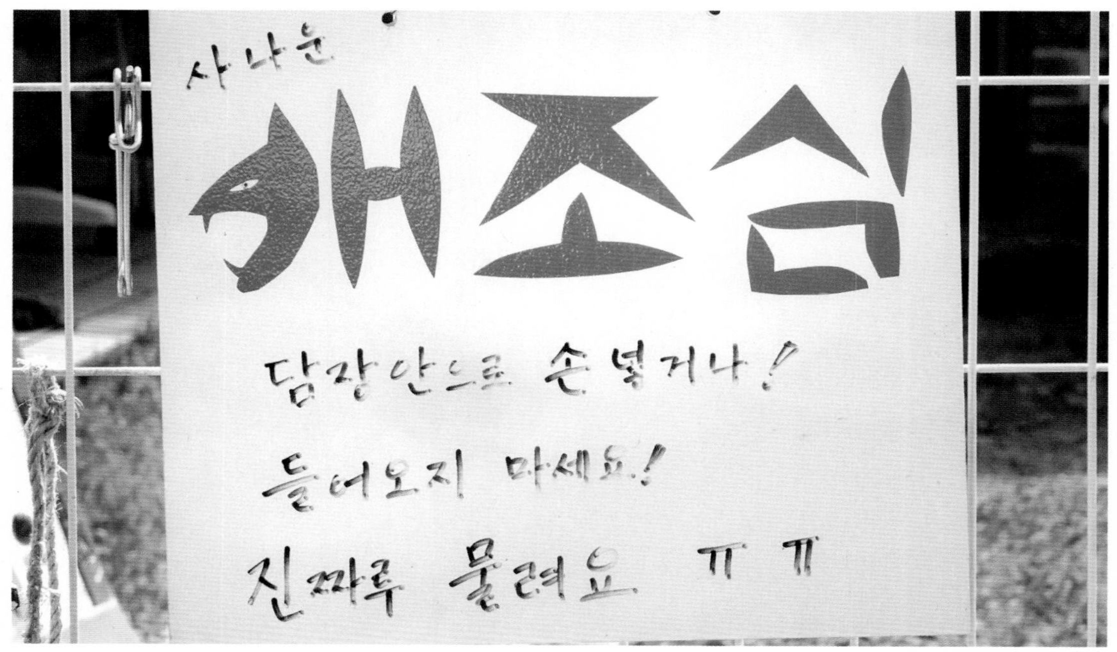

박병석, 2016년 5월 @서울특별시 은평구

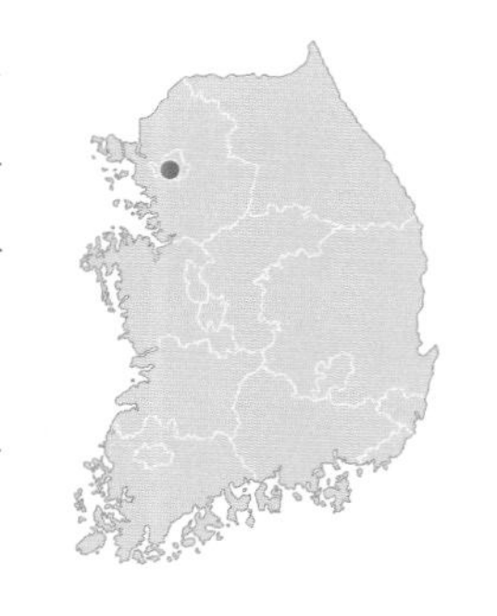

잘 아는 분이 반려견 때문에 재판을 받는 상황이 벌어졌다. 함께 산책을 하던 반려견이 가까이 지나가는 사람을 물어 버렸던 것이다. 상대방은 변호사를 고용했고, 개 주인은 피해자의 요청에 따라 광견병 검사를 한 후 문제가 없다는 것을 확인해 주어야 했으며, 그밖에도 여러 비용을 치러야 했다. 개는 자신의 집을 떠나 여러 날 동안 '개 호텔에 감금'되면서 스트레스를 많이 받았다(물론 피해자도 놀라고 위험을 겪었을 것이다.). 그런데 그 개에게만 잘못이 있는 것일까? 개의 입장에서 보면 억울할 수 있다. 그 사람이 자기 영역을 침범했기 때문이다. 개를 비롯한 많은 동물은 영역에 예민하다. 보통 개들은 오줌을 싸서 영역을 표시하는데 이것을 마킹이라고 한다. 개인의 몸도 영역이다. 그래서 개를 좋아하지 않는 사람은 개가 갑자기 다가오면 자기도 모르게 공포에 빠진다. 개의 영역과 사람의 영역이 충돌할 때 사고가 발생할 수 있다. 국가에서는 사람을 더 중요시하여 산책하는 강아지의 행동 제약과 관련된 법을 강화시켜 나가고 있는 한편 사람이 개를 학대할 때 처벌하는 법도 함께 만들고 있다.

067 경계인 듯, 경계가 아닌 듯

김석용, 2016년 7월 @경기도 수원시

곳곳에 만들어진 진입 차단기가 우리의 삶에 또 다른 경계를 만든다. 자연에 직선은 없다고 한다. 자연의 경계는 선이 아니라 면이며, 그 경계에는 대부분 완충 지역(점이지대)이 있다. 하지만 우리 주변에서의 경계는 뚜렷한 선이고, 완충 지역이 거의 없다. 아파트라고 하는 마을 입구에는 진입 차단기와 적외선 카메라로 경계를 그었으며, 각각의 동은 물론 집집마다 철문과 보안 잠금 장치로 서로를 구분 짓고 산다. 친구 집이나 다른 동네에 놀러 가는 것이 어려운 세상이 되었다.

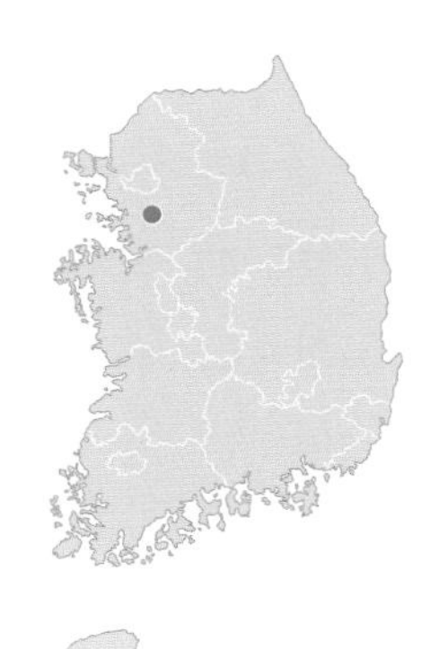

068 수원 화성, 성벽 길 따라 걷는 과거로의 여행

최종현, 2016년 10월 @경기도 수원시

성城은 적으로부터 자신을 방어하기 위해 쌓으며, 성벽은 성 안을 지키기 위해 만들어진 경계이다. 정조는 아버지인 사도세자의 무덤을 옮겨 융릉을 만들고, "수원에 성을 쌓아 아버지의 묘를 지키고 만백성들이 걱정 없이 살도록 하겠다."라는 의지로 수원에 신도시를 계획하였다. 그렇게 수원 화성은 정조 18년(1794) 2월에 만들어지기 시작하여 2년 6개월 만에 완공되었다. 사진에 보이는 곳은 화서문 근처에 위치한 서북공심돈西北空心墩이다. 공심돈은 수원 화성에서만 볼 수 있는 원거리 초소이다. 원통형으로 벽돌을 쌓고 누각을 세웠으며, 내부는 나선형의 3층으로 되어 있다. 나선형 계단은 꼭대기까지 이어져 있어 '소라각'이라는 별명도 갖고 있다. 수원 화성은 당시로서는 새로운 공법들이 적용되었는데, 성벽 길을 따라 걷다 보면 과거로 잠시 여행을 떠나게 된다. 경계의 공간인 수원 화성은 1997년에 유네스코 세계문화유산으로 지정되었다. 방어를 위해 세워진 경계가 아름다운 관광 자원으로 꽃을 피운 것이다.

069 도심 속 외국, 또 다른 국경선

김석용, 2016년 7월 @서울특별시 중구

먼 나라, 이웃 나라들이 제법 가까운 곳에 있다. 서울의 도심 곳곳에는 세계 각국의 대사관들이 있는데, 이곳은 치외법권 지역, 즉 외국인 셈이다. 대사관들 중에서도 강대국의 대사관일수록 높은 담으로 둘러싸여 있고, 그 경계가 상당히 엄중하여 바라보다 보면 괜히 주눅이 들기도 한다. 현재 중국 대사관은 1992년 중국 수교와 동시에 세워졌으며, 건물은 타이완 단교로 철수한 예전 중화민국(타이완)의 대사관이다.

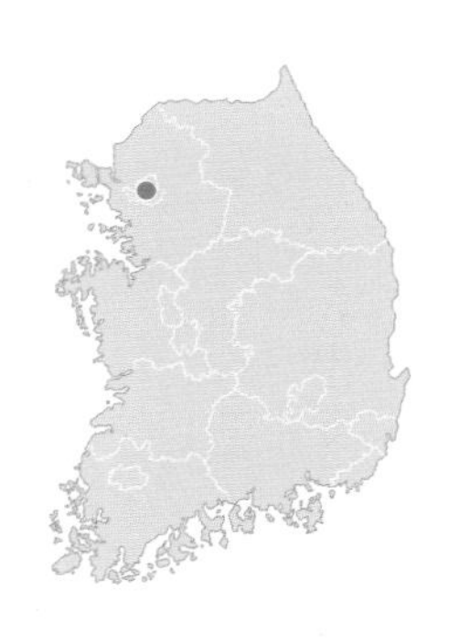

070 아카바의 두 가지 경계

이정수, 2016년 1월 @요르단 아카바

사진 속에는 두 개의 경계가 나타난다. 첫째, 육지와 바다의 경계, 둘째, 요르단과 이스라엘의 경계이다. 공공公共 해변으로 이용되는 모래사장이 펼쳐진 육지는 요르단의 항구 도시 아카바이고, 바다 건너편으로 보이는 육지는 이스라엘의 항구 도시 에일라트이다. 아카바는 요르단의 유일한 항구 도시이자 대표적인 휴양 도시이다. 1965년 당시 영해가 없었던 요르단은 사우디아라비아에 사막 일부(약 6,000km²)를 주고 아카바 일대(약 12km의 해안선)를 얻었다. 이후 사우디아라비아에 건네준 땅에서는 석유가 발견되었다(요르단은 현재 산유국이 아니다.). 결과적으로 요르단 국민은 석유를 잃었지만, 아카바 해변에서 휴양을 즐길 수 있게 되었고, 항구를 통해 바다로 나아갈 수 있게 되었다.

071 채석강, 바다와 육지의 경계를 이루다

최종현, 2017년 1월 @전라북도 부안군

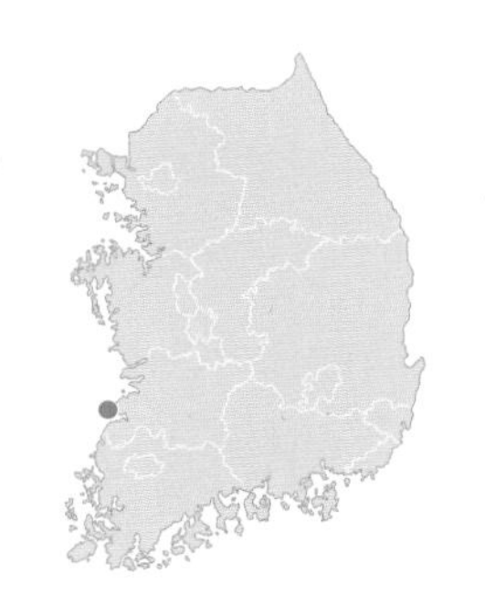

바다와 육지의 경계에는 파도가 만드는 다양한 지형이 나타난다. 모래 해안의 사빈(모래사장)과 암석 해안의 해식애(해안 절벽)도 바다와 육지의 경계에 나타난다. 전북 부안의 채석강彩石江은 대표적인 암석해안 중 하나이다. 중생대 백악기 때의 지층이 쌓여 퇴적암이 된 후 파랑의 침식 작용을 받아 형성되었는데, 파랑에 깎이고 씻겨나간 파식대와 절벽인 해식애는 노을 지는 석양에 보면 정말 신비로운 곳이다. 당나라 이태백이 술에 취해 강물에 비친 달 그림자를 잡으려다 빠져 죽었다는 전설이 전해지는 채석강과 경치가 비슷하다 하여 채석강이라 불린다. 그래서 해안 지형임에도 '강'이라는 지명이 붙은 것이다. 아마도 이는 이태백이 마지막으로 쓴 '야박우저회고(夜泊牛渚懷古, 채석강에 묵으며 옛일을 그린다)'라는 시 때문에 만들어진 전설이 아닐까 싶다.

우저기 서쪽에 펼쳐진 장강(채석강)의 밤, 푸른 하늘엔 한 조각의 구름도 없네.

배에 올라 가을 달을 바라보니, 부질없이 옛날 사장군 생각이 나네. (중략)

072 잠시 검문하겠습니다

김석용, 2016년 5월 @인천광역시 강화군

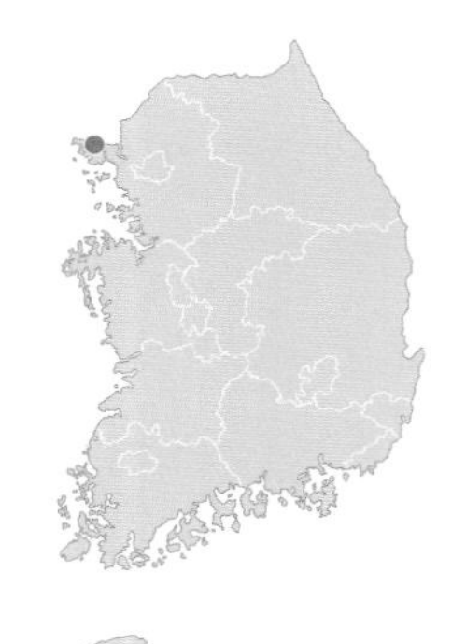

"잠시 검문하겠습니다."

"신고서를 작성해 주시기 바랍니다."

"늦어도 ○○시까지는 나오셔야 합니다."

대한민국에서 이런 대화를 나누는 곳은 휴전선 인근이다. 군인은 민간인을 경계하고, 민간인은 군인을 경계한다. 그리고 우리는 북한을 경계한다. 서로 경계하기에 긴장감이 흐르고, 사소한 충돌이 큰 충돌로 이어질 수 있다. 그러므로 경계 지역일수록 오히려 '연결'이 더 필요하다.

073 사라예보의 장미

박상길, 2015년 8월 @보스니아 헤르체고비나 사라예보

사라예보는 15세기 오스만이 점령하기 전까지는 조그마한 정교회 마을이었다. 하지만 이슬람교를 믿는 오스만은 지중해와 흑해를 연결하는 지리적 이점을 이용하여 사라예보를 발칸반도의 전략적 요충지로 키웠다. 이후 오스트리아의 점령은 가톨릭교의 확대를 가져왔고, 이 지역의 전통적인 종주권을 주장한 정교회 청년에 의해 사라예보에서 오스트리아 황태자가 암살 당하면서 제1차 세계대전이 발발했다. 이후 1984년 동계올림픽이 개최될 정도로 평화를 유지했던 사라예보는 1990년대 유고슬라비아가 해체되면서 발생한 내전으로 인해 큰 상처를 받았다. 그때 시내 여기저기에 포탄이 떨어져서 많은 사람들이 죽었는데, 포탄이 떨어진 장소에 붉은색 페인트를 칠해 사라예보의 장미라고 부르며 평화를 잃지 않기를 기원하고 있다.

074 라틴족에게 지배당한 잉카 수도 쿠스코의 벽화

박병석, 2005년 1월 @페루 쿠스코

1992년에 완성된 이 벽화는 남아메리카에서 가장 큰 벽화이다. 길이가 50m나 되고, 높이는 6m나 된다. 잉카 왕국의 도읍이었던 페루 쿠스코 지역의 문화 발달을 5단계로 나누어서 그렸다. 맨 왼쪽의 1단계는 이 문명의 우주관이 담겨 있다. 그리고 야생의 식물과 야마를 식재료로 바꾸는 과정이 그려져 있다. 옥수수, 감자, 고구마, 고추, 토마토 따위가 포함된다. 2단계는 잉카 문명, 3단계는 에스파냐의 정복, 4단계는 에스파냐의 지배에 대한 저항이 담겨 있다. 5단계는 밝은 미래를 그렸다. 농사, 예술, 직물 짜기, 그리고 다양한 계급과 종족의 모습이 나타나 있다. 라틴아메리카의 도시에는 수많은 벽화가 그려져 있는데, 이곳의 벽화는 벽화주의 운동을 통해 만들어졌다. 라틴아메리카는 16세기 이후 에스파냐와 포르투갈의 식민지가 되어 노동력을 착취당하고, 비인간적인 학대를 받아 왔다. 선주민과 혼혈인 메스티소는 독립을 위해 노력했지만 그때마다 탄압을 받았으며 독립한 이후에도 독재 정권의 지배 하에서 신음했다. 벽화주의는 민중을 기반으로 민주주의 사회를 만들려는 운동과 연결되어 있다.

075 게이트웨이 오브 인디아와 국보1호 남대문

박병석, 2013년 1월 @인도 뭄바이

'게이트웨이 오브 인디아Gateway of India'는 1911년 영국 국왕·황제인 조지 5세 부부의 인도 방문 기념으로 뭄바이(당시는 봄베이) 부두에 세워지기 시작했다. 1924년에 완공되었으며, 인도 총독, 뭄바이 주지사와 사령관 등 영국인들이 이 문을 통해 인도로 들어왔다. 이 출입구는 영국이 인도를 식민지로 지배했음을 의미하는 상징적인 건조물로, 이제 영국과 인도와의 경계가 없다는 것을 확인시켜 준다. 게이트웨이 오브 인디아를 보면서 서울의 남대문과 동대문이 떠올랐다. 일본은 조선의 정체성을 없애고, 교통에 방해된다는 이유로 남대문을 철거하려고 했다. 그러나 1592년 임진왜란 때 일본군이 개선문처럼 이 두 성문을 통해 들어왔다는 사실을 들어 철거를 반대하는 의견이 나왔다. 그래서 일본은 남대문과 동대문을 그대로 둔 채 양쪽으로 도로를 만들었으며, 1933년에는 남대문을 보물 1호, 동대문을 보물 2호로 지정했다. 이후 대한민국 정부는 이를 계승하여 1962년 남대문을 국보 1호, 동대문을 보물 1호로 정했다. (남대문과 동대문은 숭례문과 흥인지문으로 다시 고쳐 부르고 있다.)

076 유배의 경계, 청령포

최종현, 2016년 5월 @강원도 영월군

서강에 둘러싸인 단종의 유배지, 청령포.

청령포는 1457년 6월 조선의 제6대 임금인 단종이 세조에게 왕위를 빼앗기고 유배되었던 곳이다. 이 지역을 흐르는 서강은 산지 사이를 구불구불 흐르는 감입嵌入곡류하천인데, 감입곡류하천은 지반의 융기로 인해 하천이 아래 방향을 깎는 하방 침식 작용이 활발해져 형성된 하천이다. 청령포는 삼면이 강으로 둘러싸여 있고 한쪽은 절벽으로 가로막혀, 배를 이용하지 않고는 어디로도 나갈 수가 없는 곳이다. 이곳에서 하천은 두 지역을 나누는 경계가 되어 유배당한 어린 임금을 세상으로부터 단절시켰다. 지금은 그나마 작은 배 한 척으로 청령포를 드나들 수 있지만 여전히 격리된 공간이다.

077 제주도 섭지코지의 출입금지

박병석, 2013년 2월 @제주특별자치도 서귀포시

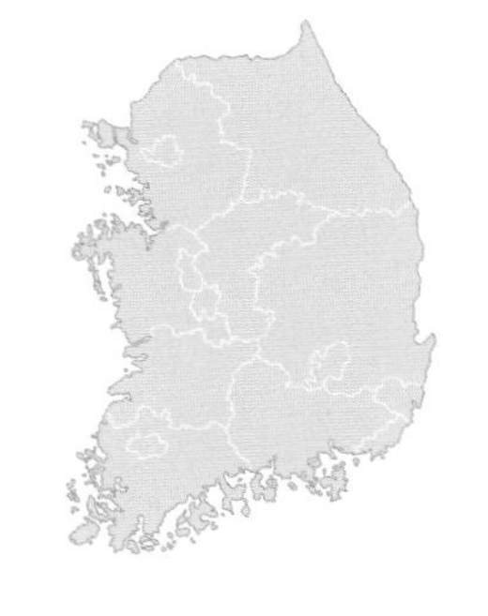

성산일출봉. 한국 국민이라면 누구나 안다. 제주도 동쪽 바닷가에 있는 성산일출봉은 바다에서 화산이 폭발하여 만들어진 화산 지형이다. 독특한 지형으로 유네스코 세계자연유산으로 등록되어 있다. 일출봉을 남쪽에서 볼 수 있는 반도 모양의 지형이 섭지코지이다. 섭지코지는 바다로 튀어나온 언덕이어서 전망이 좋고, 항해하는 배들을 위해 등대도 세워져 있다. 드라마 '올인' 등 많은 드라마나 영화의 촬영지이고, 수학여행 오는 학생들과 신혼부부들이 유채꽃밭에서 사진도 많이 찍는 추억의 장소였다. 그러나 이제 이 언덕은 그런 것들이 제한되었다. 이 섭지코지 일대를 우리나라 최대 재벌의 계열사가 차지한 다음 이와 같은 돌담을 만들었기 때문이다. 그리고 '출입금지'라는 간판을 여기저기 세웠다. 담 밖의 좁은 해안도로만 남겨 놓고 모두 차지해 버린 것이다. 제주도의 산굼부리도 사유지이다. 또 다른 많은 명승지가 사유지에 포함되어 있어서 일반인들이 이용할 때 돈을 필요 이상으로 많이 내거나 불편을 겪기도 한다. 이런 현실은 정여립의 '천하는 공공의 것으로 주인이 없다'는 철학과 대비된다.

078 기후의 경계, 하이아틀라스산맥

이대진, 2017년 1월 @모로코 마라케시

모로코는 아프리카 북서부에 위치한 국가로, 대서양 연안에는 습윤 기후에 속하는 지중해성 기후(Cs)가, 내륙에는 건조한 사막 기후(BW)가 나타난다. 그 기후의 경계는 평균 고도 3,300m에 이르는 하이아틀라스산맥High Atlas Mountains으로, 이 산맥이 북서쪽에서 불어오는 바다의 수증기를 차단하는 역할을 한다. 기후는 지중해성 기후, 스텝 기후, 고산 기후, 그리고 산맥을 넘어 사하라사막의 사막 기후로 점차 변해간다. 물론 그에 따라 사람들의 생활 여건도 함께 변해간다.

079 자연의 경계를 뚫어라

김석용, 2016년 7월 @중국 신장 위구르 자치구

사진에서 보이는 산비탈의 경사가 대단하다. 한여름인데도 산 정상 부근에 빙하가 있는 것으로도 알 수 있듯이 주변의 산들은 높이가 7,500m에 이를 정도로 높다. 이곳은 큰 스케일로 보면 히말라야산맥이지만 좀 더 자세히 구분하면 쿤룬산맥이자 카라코람산맥이다. 사진의 길은 이 험준한 산길을 뚫고 파키스탄으로 이어지는 카라코람 하이웨이의 일부이다. 현재 거대한 자연의 경계로 나누어진 지역을 연결하기 위한 도로 공사가 한창이다. 공사 안내판에는 다음과 같은 글귀가 있었다.

'중국-파키스탄 경제 회랑 건설'

'실크로드와 (파미르)고원을 연결하는 기념비적 사업'

경계가 없어지면 어떤 영향이 나타날까?

080 모호한 경계

이태우, 2016년 1월 @볼리비아 포토시주

한국과 북한의 경계는 DMZ이다. 정확히는 휴전선이겠지만, 민간인 신분으로 DMZ를 통과할 방법은 거의 없다. 트럼프 미국 대통령은 당선 당시 미국과 멕시코 사이에 커다란 장벽을 세우겠다고 공언했는데 양국 간의 불편한 사이를 대변하는 경계이다. 이곳은 볼리비아의 우유니에서 칠레의 칼라마로 넘어가는 경계에 있는 국경 사무소이다. 두 곳을 가로막는 경계는 거대한 자연 외에는 없다. 영토 분쟁, 물 분쟁으로 얼룩진 두 국가의 경계라기엔 너무나 엉성했다. 수천 미터의 화산과 건조한 사막이 경계를 대신하고 있는 걸까? 그게 아니면 밖으로 흘러나온 소식보다는 두 나라 사이의 관계가 좋은 것일까?

081 티베트 콜로니

임병조, 2015년 2월 @인도 델리

종교의 자유를 찾아 인도로 탈출한 티베트인들이 델리 외곽에 집단 거류지를 만들어 함께 살고 있다. 티베트 콜로니Tibetan refugees colony로 불리는 이 마을에는 300여 가구의 티베트인들이 '인도 속의 티베트'로 주변과 뚜렷한 경계를 이루며 살아간다. 라마교 사원을 중심으로 티베트 사람들이 티베트 옷을 입고, 티베트 음식을 먹는다. 마을 곳곳에서 휘날리는 룽다風馬와 타루초經文旗가 이 마을의 정체성을 잘 표현한다. 어느 음식점에 들러 '뗀뚝'이라는 티베트 음식을 먹었다. 티베트 냄새가 물씬 나는 컴컴한 음식점인데 한가운데에 달라이라마 사진이 걸려 있었다. 사진 아래에 꽃을 올려놓고 그들의 염원이 꽃처럼 활짝 피어날 날을 기다린다. 그곳에서 미국에서 왔다는 티베트 사람을 만났다. 고향인 티베트 대신에 이곳으로 친지들을 만나러 왔다는 그에게서 독립에 대한 열망을 느낄 수 있었다. 독립의 날은 요원하지만 그들의 염원은 굳건하다.

082 고려인 율리아의 춤

김덕일, 2016년 3월 @광주광역시 광산구

광주광역시 월곡동에는 3,000여 명의 고려인(카레이스키)들이 '고려인 마을'을 이루어 살아가고 있다. 그곳에서는 우리말과 키릴어가 함께 쓰인 간판들을 쉽게 찾아볼 수 있다. 우즈베키스탄, 카자흐스탄 등에서 이주해 온 그들은 한국인이면서도 다른 한편으로는 외국인으로 하루하루를 살고 있다. 즉 한국인과 외국인의 사이를 넘나들면서 살고 있는 것이다. 회갑을 축하하는 율리아의 춤에서 왠지 서글픔이 느껴진다.

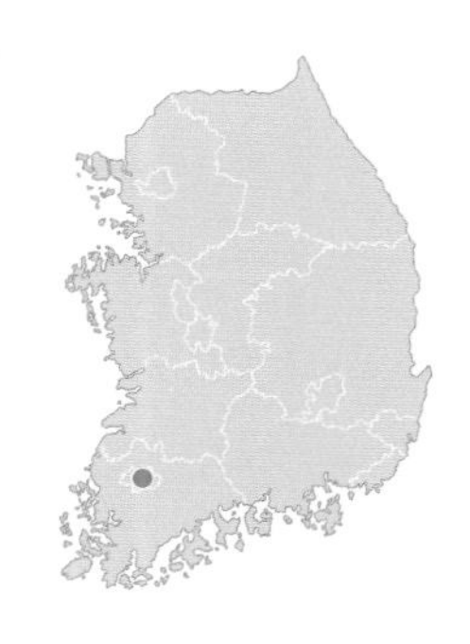

083 있지만 없는 유럽의 국경

이대진, 2014년 5월 @룩셈부르크 에히터나흐

국경개방조약인 솅겐조약Schengen Agreement으로 인하여 유럽의 회원국 간 이동 시에는 국경에서의 입국 심사 없이 자유로운 이동이 가능하다. 솅겐조약은 1985년 서독, 프랑스, 베네룩스 3국이 맺은 것을 시작으로, 2020년 6월 현재 22개 EU 가입국과 스위스, 노르웨이, 아이슬란드, 리히텐슈타인 등 26개국이 가입한 상태이다. 솅겐조약에 가입한 국가의 국경에서는 각 국가를 의미하는 알파벳이 타원 안에 새겨진 표지판을 볼 수 있다. 이 사진에서는 룩셈부르크를 의미하는 알파벳 'L'이 표기되어 있다.

084 방어에 실패한 만리장성

박병석, 2012년 12월 @중국 베이징

만리장성을 보고 있으면 '과연 이것을 인간이 만들 수 있단 말인가! 그것도 그 옛날에.'라는 생각이 들며 몇 번이고 감탄하게 된다. 그저 놀라울 따름이다. 단지 길이만 긴 게 아니라 성의 규모와 정교함이 놀라운데다가 험한 산길을 따라 쌓아 올렸다는 사실도 놀랍다. 건설할 수 있는 노동력과 기술, 그리고 이것들을 투입하고 조직할 수 있는 국가 경영 능력이 상상이 되지 않는다. 만리장성은 기원전 222년 무렵의 진시황 때부터 북쪽 흉노 유목민의 침입을 막기 위해 만들었다. 당시에는 주로 흙을 쌓아 만들었으며 높이도 지금보다 낮았다. 이때의 성은 지금의 만리장성보다 북쪽에 위치하였으며 이후 남북조 시대에 지금의 만리장성 위치에 새로 성을 쌓았다. 그리고 수나라, 당나라, 명나라 때에도 계속해서 성을 보강하면서 새로 쌓았다. 그러나 실제로 이 성이 북쪽으로부터의 침입을 효과적으로 막아 주지는 못했다. 원나라 때에는 몽골족이 중국 전체를 지배했으며, 만주 여진족의 청나라 때에도 마찬가지였다. 현재 만리장성이 온전하게 보전되어 있는 지역은 20%가 안 되고, 50% 이상은 사라졌다.

085 남한산성의 암문

최종현, 2016년 6월 @경기도 광주시

남한산성은 둘레 약 8km의 산성으로, 성벽 바깥쪽은 경사가 급한 데 비해 성벽 안쪽은 경사가 완만하다. 산성 내부에는 계곡이 흐르고 지형이 완만하여 사람이 거주하기에 유리했다. 병자호란 때에는 남한산성에서 47일간 항전하였다. 외부와의 차단은 결국 외부로부터 고립을 의미한다. 고립을 최소화하기 위해 성곽의 후미진 곳이나 깊숙한 곳에 비밀 출입구, 즉 암문暗門을 만들었다. 암문은 적이 알지 못하게 병기나 식량 등의 물자를 운반하거나, 적의 눈을 피해 구원을 요청하는 등 정보의 통로로도 사용된다. 암문은 성의 안팎을 은밀하게 연결해 주는 역할을 한다.

086 통일 대박?

임병조, 2016년 6월 @경기도 파주시

민통선 안쪽과 비무장지대의 토지가 거래되고 있다. '민통선 전문'이라는 광고를 내붙일 정도인 걸 보면 거래량이 적지 않은가 보다. '통일 대박'을 꿈꾸는 사람들이 꽤 많다는 뜻이다. 파주시 문산읍은 북한 접경 지역으로 서울에서 가깝지만 심리적으로는 먼 지역이었던 때가 그리 오래되지 않았다. 남북 관계가 진전되면서 '금지의 땅'이 '황금의 땅'으로 바뀔 수도 있다는 기대감을 부풀게 하고 있다. 분단의 벽은 여전히 굳건하지만 이처럼 경계를 해체하기 위한 움직임이 소리 없이 계속되고 있다. 부동산 간판에 붙어 있는 '통일 한국'은 교육 현장이나 정치권에서 이야기하는 통일 한국과 느낌이 아주 다르다. 앞의 통일은 현실감으로 다가오지만, 뒤의 통일은 거대한 이상으로 저 멀리에 있어서 다가가면 다가간 만큼 멀어지는 느낌이다. 어쩌면 통일이라는 거대 담론보다 이익이라는 개인의 소소한 욕망이 역사를 바꾸는 돌파구가 될지도 모른다.

087 독특한 점이지대

김석용, 2016년 7월 @중국 신장 위구르 자치구

중국의 중원일수록 한족이 많고 주변 지역일수록 소수민족이 많다. 그 소수민족은 중국의 주변 국가와도 관련이 있어서 자연환경은 물론이고 인종이나 민족, 풍습, 종교, 언어와 문자 등 유사성이 많은데, 단지 인위적(정치적)으로 구분되어 있을 뿐이다. 따라서 주변 지역에서는 다른 곳과 겹치는 문화 경관이 나타나는데(점이지대) 중국 서부의 끄트머리에 있는 카스의 '중-서아시아 국제무역시장'도 서남아시아와 중국의 문화가 겹쳐서 나타난다. 중국어와 한자가 쓰이지만 위구르어-튀르크 계열의 언어와 문자를 모어로 사용하며, 이슬람 양식의 건물과 무슬림들이 대부분이다. 물론 사람들 생김새도 중국인과는 다르다. 하지만 이와 같이 다른 것들이 혼용되면서 그들만의 독특한 문화를 만들어 낸다.

088 두 가지 색깔의 모래사막

이정수, 2016년 1월 @요르단 아카바

유네스코 세계유산으로 지정된 와디[1] 럼Wadi Rum은 약 3억 년 전 바다의 융기 작용으로 형성되었으며, 아래층에 화강암층, 그 위에는 석회암층, 가장 상부에는 사암층이 나타난다. 사진 속 경관을 보면 흰색과 붉은색을 가진 모래가 경계를 이루고 있어 눈길을 끈다. 와디 럼에서 붉은색 모래를 볼 수 있는 이유는 산화철 성분이 포함된 암석이 풍화되어 모래가 만들어졌기 때문이다. 와디 럼에는 사구, 삼릉석, 버섯바위 등 다양한 건조 지형이 나타나며, 독특한 경관으로 인해 '마션', '알라딘', '트랜스포머' 등 다수의 영화가 촬영되었다.

1. 와디는 건조지역에서 볼 수 있는 지형으로, 평소에는 마른 골짜기이지만 비가 내릴 때에는 물이 흐르는 하천이다.

089 슬프디 슬픈…

김덕일, 2015년 4월 @전라남도 진도군

진도의 팽목항.

이 사진을 보고 있으면 그냥 눈물이 난다.

아들 딸을 찾지 못한 부모는 얼마나 마음이 아플까?

얼마나 많은 눈물을 저 바다에 뿌렸을까?

090 성당인가, 절인가?

박병석, 2006년 10월 @인천광역시 강화군

강화도에 가면 120년 전에 지어진 대한성공회 성당이 있다. 이 성당을 처음 보면 성당이라기보다 절이라는 생각이 들 것이다. 사진에는 없지만 정문의 십자가 무늬는 사찰의 연꽃처럼 보이고, 걸려 있는 종에는 성경이 새겨져 있다. 심지어 마당에는 절에 많이 심는 피나무 종류의 나무가 서 있다(절에서는 이 나무를 보리수라고 한다.). 사진 속 성당의 기둥에 걸린 주련의 한자로 쓴 성경 구절은 불교의 경문과도 같다. 건물 자체는 한옥이다. 그러나 밖에서 보이지 않는 내부는 로마의 바실리카 양식이다. 이렇게 만든 이유는 영국에서 성공회가 들어올 때 이를 낯설어하는 조선 사람들에게 적대감을 주는 대신 친근하게 다가가고 싶었기 때문이다.[2] 이런 문화 접변 현상은 문화 지역 간 경계에서 잘 나타난다. 동행한 일행 중 한 시인은 건축물의 겸손함에 감동을 받아 눈물을 흘렸다.

---

2. 서울 중구에 있는 대한성공회 서울주교좌 성당 건물에도 한국적 요소가 일부 있으나 강화 성당과 비교하면 매우 크고, 석재, 벽돌 등을 이용하여 단단하게 지어졌다.

091 닭과 치킨의 만남

김석용, 2016년 7월 @서울특별시 용산구

하지 다음 세 번째 경庚일은 초복, 네 번째 경일은 중복, 입추 후 첫 번째 경일은 말복이라 하며, 이 날들을 복날이라고 한다. 우리나라에서는 이때를 1년 중 가장 더운 날이라 하여 이 더위를 피하기 위해 술과 음식을 마련해 계곡이나 산에 놀러 가는 풍습이 있었고, 보신補身을 위하여 특별한 음식을 장만하여 먹었다. 그 복날에 삼계탕의 닭과 치킨의 닭이 만났다. 이 만남은 1회성일까, 계속 반복될까?

092 사라예보의 문화경계

박상길, 2015년 8월 @보스니아 헤르체고비나 사라예보

20여 년 동안 내전으로 고통받은 보스니아 헤르체고비나의 수도 사라예보는 15세기부터 오스만튀르크의 지배를 받아 이슬람 도시가 되었다. 오스만의 힘이 약해진 19세기 말부터 오스트리아가 지배권을 넘겨받아 새로운 기독교 거리를 조성했는데, 이런 이유로 길바닥의 표시처럼 동쪽은 오스만튀르크 양식이 보이는 사라치Saraci로, 서쪽은 오스트리아의 크리스트교 양식이 보이는 페르하디야Ferhadija로 불린다. 이 지역에서는 정교, 가톨릭교, 이슬람교 등 종교에 따른 뚜렷한 문화경계와 다양한 문화 경관을 볼 수 있다.

093 그라나다 알람브라 궁전

이대진, 2017년 1월 @에스파냐 그라나다

알람브라 궁전은 에스파냐에서의 마지막 이슬람 왕조인 나스르 왕조의 무하마드 1세 알 갈리브에 의해 13세기 후반부터 건설되기 시작하여 14세기 후반에 완성되었다. 사진은 14세기 초에 정비된 여름 별궁, 헤네랄리페의 아세키아 중정이다. 길이 50m 정도의 세로형 정원에 장방형 수로를 설치하고, 좌우에 많은 분수를 설치하였다. 분수에 공급된 물은 인근 시에라네바다산맥의 눈으로부터 기원한 것이다. 건조 기후의 환경에서 살아온 아랍인들은 유난히 분수를 많이 만들었다. 물은 식수나 농업용수일 뿐 아니라, 열기를 식히는 기능으로도 쓰였으며, 나아가 부를 과시하는 기능도 했다.

094 종교 벽화와 핵무기

박병석, 2013년 1월 @인도 케랄라주

사진의 오른쪽을 보면 힌두교 시바 신과 예수님, 그리고 그 위쪽으로 이슬람 사원이 그려져 있는 듯하다. 이 사진은 각 종교 간 평화를 촉구하고 있는 것처럼 보인다. 세계에서 이슬람교 신자가 제일 많은 나라는 인도네시아이며, 그 다음으로 인도와 방글라데시가 비슷하게 많다. 인도는 힌두교도가 10억 명 정도이고, 이슬람교도는 2억 명 정도이다. 인도에서는 때때로 다른 종교는 대등하게 받아들이지 않아 이들 사이에 갈등이 발생한다. 사원을 놓고 서로 자신들의 성지라고 주장하는가 하면, 지배 세력인 힌두교 신자들이 이슬람교 신자들을 차별하곤 한다. 때로는 힌두교와 기독교, 힌두교와 시크교 사이에도 갈등이 있는데, 여기에는 경제적 이해 관계도 깔려 있다. 인도와 이슬람교 국가인 파키스탄 사이의 분쟁이 이러한 차별을 강화시킬 수 있다. 이 두 나라는 카슈미르의 종교와 관련된 영토 분쟁 때문에 공군기로 전투를 벌이거나 박격포로 공격을 하기도 한다. 이것은 두 나라가 핵무기를 만든 중요한 계기가 되었다. 중국의 확장을 막으려는 미국은 인도를, 인도와 국경에서 싸우고 있는 중국은 파키스탄을 지원한다.

095 해안의 완충 지대, 맹그로브

김석용, 2007년 2월 @타이완 단수이

바다와 육지의 경계인 갯벌은 생산과 정화의 공간으로 많은 유익함을 주고 있다. 사진의 보행 통로 왼쪽으로 갯벌과 숲이 보인다. 따뜻한 바닷가의 갯벌에는 염분에도 잘 견디는 나무들이 생육하는데, 이러한 나무들의 숲을 맹그로브mangrove라고 한다. 바다를 지키는 숲, 맹그로브는 다양한 생물들에게 살아갈 공간을 제공해 주며 수질 정화 및 생물들의 은신처 역할을 하는 등 매우 기특한 역할을 한다. 또한 자연 방파제 구실을 하여 쓰나미 등 해일이 발생했을 때에도 인명과 재산 피해를 줄여 준다. 이에 따라 여러 나라에서는 맹그로브의 보전과 재생에 관심이 높아지고 있다. 자연의 경계에도 완충 지역이 있다.

096 소를 신성시하는 인도는 소고기 수출 세계 1위?

박병석, 2013년 1월 @인도 뭄바이

뭄바이의 바닷가에서 휴식을 취하고 있는 소들이 보인다. 힌두교를 믿는 인도인들이 소고기를 먹지 않는 이유는 무엇일까? 그 이유 중 하나는 소가 실제로 사람들에게 많은 이득을 주기 때문이다. 소는 우유, 치즈, 버터를 주고 또 농사일과 물건들의 운반에 이용된다. 그리고 소에서 나오는 똥은 연료로 쓴다. 반면에 사람들은 소에게 사료를 주지 않아도 된다. 자기들이 풀을 뜯거나 길거리의 쓰레기 더미에서 먹이를 찾아 먹는다. 또 다른 이유는 앞의 사실과 관계가 되겠지만 언제부턴가 소를 신성시해 온 역사가 있기 때문이다. 힌두교에서는 소의 몸 안에 수많은 신들이 살고 있다고 믿는다. 그래서 힌두 극우주의자들은 소 도살을 하는 사람들을 공격해 죽이기도 한다. 이같은 분위기는 2014년 힌두 민족주의 성향의 인도국민당(BJP)이 집권하면서 점점 강해지고 있다. 원래 암소가 신성시되고, 물소는 먹을 수 있었지만, 정치적으로 민족주의 성향이 강해지면서 물소까지 보호해야 한다는 인식이 확산되고 있다. 그러나 세계에서 가장 소고기를 많이 수출하는 나라는 어디일까? 역설적이게도 소를 가장 많이 키우는 인도이다.

097 빙하의 흔적, 권곡호

김민숙, 2017년 1월 @뉴질랜드 켄터베리주

빙하는 경계를 파괴하며 움직인다. 빙하의 침식에 의해 생긴 반원 모양 또는 원형극장 모양의 오목한 지형(와지, 窪地)을 권곡圈谷, kar이라고 한다. 고도가 높은 곳에서 흔히 발견되는데 우리나라 백두산 정상 부근에서도 볼 수 있는 지형이다. 권곡의 빙하가 녹으면 바닥의 오목한 면에 물이 고여 소규모의 권곡호가 형성된다. 이 아름다움을 발견한 곳은 뉴질랜드 남섬의 쿡산Aoraki Mount Cook 정상 부근이다. 위의 사진은 직접 항공 촬영한 것으로, 해발 3,724m의 뉴질랜드 최고봉이다. 한때는 고도가 3,764m였지만, 1991년 정상이 붕괴되어 10m 정도 낮아졌으며 그 이후 산 정상 부근의 두꺼운 얼음층이 30m가량 추가로 붕괴되는 등 계속 변화를 겪고 있다. 지구 온난화의 위태로움으로 인해 아름다운 빙하 침식 지형을 단지 아름다움으로만 바라보기에는 어려움이 있다.

098 하늘과 물이 만나는 곳

이태우, 2014년 1월 @캄보디아 톤레삽 호수

대부분의 사람이 살아가는 곳에서 하늘과의 경계는 육지이지만 캄보디아의 톤레삽 호수에서 살아가는 사람들에겐 하늘과의 경계가 물이다. 캄보디아는 종종 세계 최빈국으로 소개된다. 캄보디아에서도 육지에 집을 지을 만한 경제적 여건이 안 되는 사람들이 호수 위에 집을 짓고 살아간다. 마치 한국의 청계천변에 있었던 수많은 판잣집처럼 말이다. 절망의 경계처럼 보일 수도 있지만 우리의 시선으로 그들을 예단해서는 안 된다는 생각이 들었다. 학교로 향하는 아이들의 미소와 어시장에서 살아가는 어른들을 만나며, 열심히 꽃을 피우며 또는 꽃을 피우기 위해 살아가는 사람들을 발견했다.

099 괌섬의 해수욕장에는 경계가 있다

박병석, 2012년 1월 @미국 괌

호텔에 딸린 풀장이 바다를 내려다보고 있다. 사람들은 민물 풀장에서 마치 바닷속에 들어가는 느낌을 받으면서 경계를 넘는 행복을 맛본다. 그러나 괌의 해변에 있는 해수욕장은 호텔 또는 개인이 사적으로 소유하는 곳들이 있다. 호텔과 바다 사이의 해수욕장이 그러하다. 호텔을 끼고 있지 않은 해수욕장도 주인이 있는 경우가 있다. 우리를 어느 해수욕장으로 데리고 간 가이드는 우리가 걸을 수 있는 해수욕장의 범위를 알려주었다. 어느 해수욕장은 들어가지 말라는 안내판이 있다. 해수욕장에는 배타적인 권한을 행사하는 주인이 있지만, 정작 괌섬은 어느 나라 땅일까? 괌에서 태어나면 미국 국적을 갖는다. 그리고 미국 헌법에 미국 연방정부 관할로 되어 있다. 그러나 이 섬은 미국 50개 주에 속하지 않는 미국령이다. 따라서 대통령 선거나 국회의원 선거에 참여하지 않는다. 주민들도 투표를 바라지 않는다. 또, 섬은 전체가 면세 구역이어서 상품의 가격이 싸고 관광객들은 쇼핑을 즐긴다. 괌과 괌에 사는 사람들, 이곳의 땅과 바다가 갖는 경계의 정체는 무엇일까?

Ⅲ. 길에서 지리를 보다

공간에는 길이 있습니다.
너와 나를,
이곳과 저곳을 연결해야 하니까요.

물에도 바람에도 마음에도 길이 있습니다.
길을 거치지 않으면 그곳으로 갈 수 없습니다.
도착할 그곳 생각으로 길이 보이지 않았으나,
살아갈수록 길 자체가 전부인 걸 알게 되었습니다.

그곳에 무엇이 있어서 가는 것이 아니라,
그곳으로 가는 길에서 무언가를 하는 것이었습니다.
길이 통로이기도 했지만 이미 그곳이기도 했습니다.

나는 오늘도 길을 걷습니다.

100 오래된 길의 흔적, 보호수

강문근, 2018년 1월 @강원도 원주시

이 길을 따라 저 멀리 보이는 치악산 곧은재를 넘으면 강림, 주천을 거쳐 영월로 이어지는 도보 지름길이다. 그리고 치악산 자락을 따라 소초–흥양–봉산–단구로 이어지는 남북 방향 마을들을 따라 노거수老巨樹들이 마을마다 보호수로 지정되어 있다. 보호수로 지정된 느티나무들을 보면 대부분 나이가 200년을 훌쩍 넘은 것들이다. 500년을 넘게 살아온 보호수 중에는 과거 조선에 쳐들어온 왜군들을 지켜본 나무도 있지 않을까? 지금은 한적한 곳에 있는 나무일지라도 예전에는 아마 그곳이 큰 마을이었을 것이고, 장사꾼이나 과거를 보러 가는 사람, 부임지로 가거나 귀양 가는 사람, 심지어 침략군 등이 이 나무 옆을 지나갔을 것이다. 현재 남아 있는 보호수들을 이어 보면 옛길의 흔적들을 찾을 수 있을지도 모르겠다. 옛 마을들은 산과 들이 만나는 곳에 주로 형성되었다. 하지만 신작로가 나면서 마을과 길은 멀어지게 되었고, 고속도로, 자동차 전용도로 등이 건설되면서 더욱더 멀어지게 되었다.

101 돌아가는 게 빠른 길, 순환도로

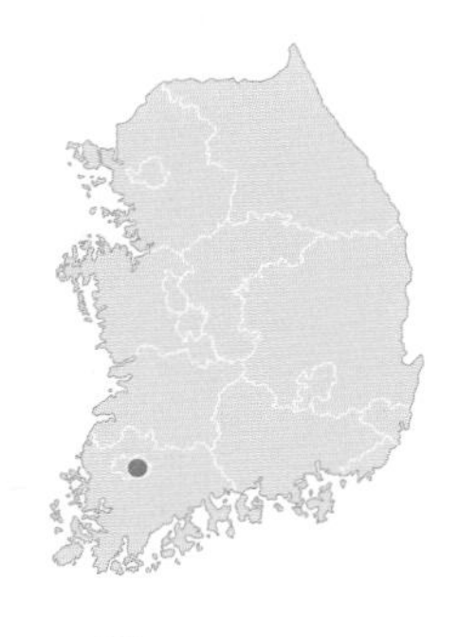

김덕일, 2017년 8월 @광주광역시 동구

광주광역시 제2순환도로의 지원터널과 소태터널을 잇는 지원교의 모습이다. 제2순환도로는 광주의 외곽을 둘러싸는 민자 도시고속화도로이며, 이곳 사람들은 외곽도로라고도 한다. 순환도로이기는 한데 동글동글하기보다는 네모진 모습을 보인다. 제2순환도로로 지정된 구간만 놓고 보면 동·서·남쪽은 있으나 북쪽 구간이 없는데, 북쪽은 호남고속도로가 담당하고 있다. 외곽순환도로의 건설 목적은 도시 내부의 교통난을 완화하는 것이다. 세상에는 많은 선들이 모여 길을 만든다. 그 길은 직선이 되기도 하고 곡선이 되기도 한다. 그리고 두 지역을 연결하여 소통을 원활하게 한다. 광주광역시 순환도로를 촬영하다 보면 이곳에 제일 마음이 간다. 그것은 그 아래 보이는 허름함 때문이다.

102 길의 변신

김덕일, 2017년 8월 @전라남도 장성군

삼림을 관리하거나 임산물을 나르기 위해 만든 도로가 임도林道이다. 요즘엔 휴일마다 많은 사람들이 산책하거나 산악자전거로 이용하는 등 임도가 여가의 공간으로 자리 잡고 있다. 남해안과 제주도에는 편백나무가 넓게 분포한다. 편백나무는 나무 모양이 아름답고 향기가 좋다. 또한 편백나무 숲에는 피톤치드가 많다. 피톤치드는 아토피에도 도움이 된다고 하여 많은 사람들의 사랑을 받고 있다. 잠시 바쁜 일상에서 벗어나 임도를 걸어 보자. 사랑하는 임과 함께.

103 토끼굴(터널형 생태 통로)

김덕일, 2017년 8월 @광주광역시 북구

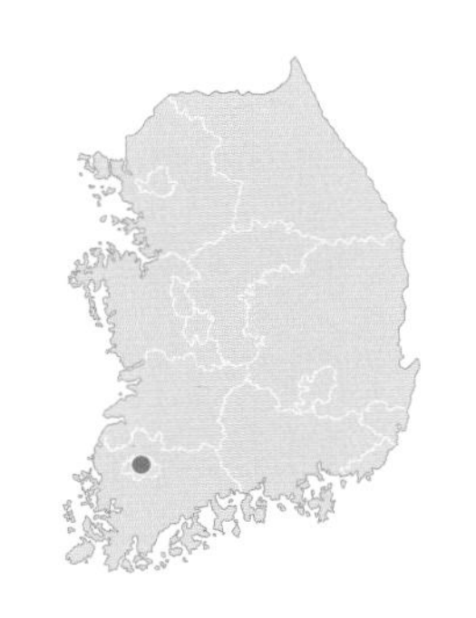

요즘 새로 만들어지는 도로 중에는 빠른 이동을 강조하는 고속화도로가 많다. 이런 고속화도로는 대부분 직선으로 되어 있으며, 도로 양쪽을 단절시키는 경향이 있다. 기존 도로를 유지하고 생활권을 보전하는 방법의 하나가 도로의 아래를 관통하는 것인데 이런 횡단 통로 박스를 통해 마을과 마을이 더불어 살아간다. 그리고 이를 '토끼굴'이라 부른다. 토끼는 굴을 팔 때 자기 몸집보다 크게 파지 않는다. 몸집이 큰 육식동물로부터 자기를 보호하기 위함이다. 이를 빗대어 사람만 다니거나 차가 겨우 다닐 수 있을 만큼의 좁은 터널을 토끼굴이라 부른다. 횡단 통로 박스보다 토끼굴이라는 이름에 더욱 정감이 간다. 이곳은 영산강의 범람원 지역인 광주와 담양의 경계 지역이며, 사진의 도로는 광주-담양을 잇는 13번 국도이다.

104 순천만국가정원 봉화언덕길

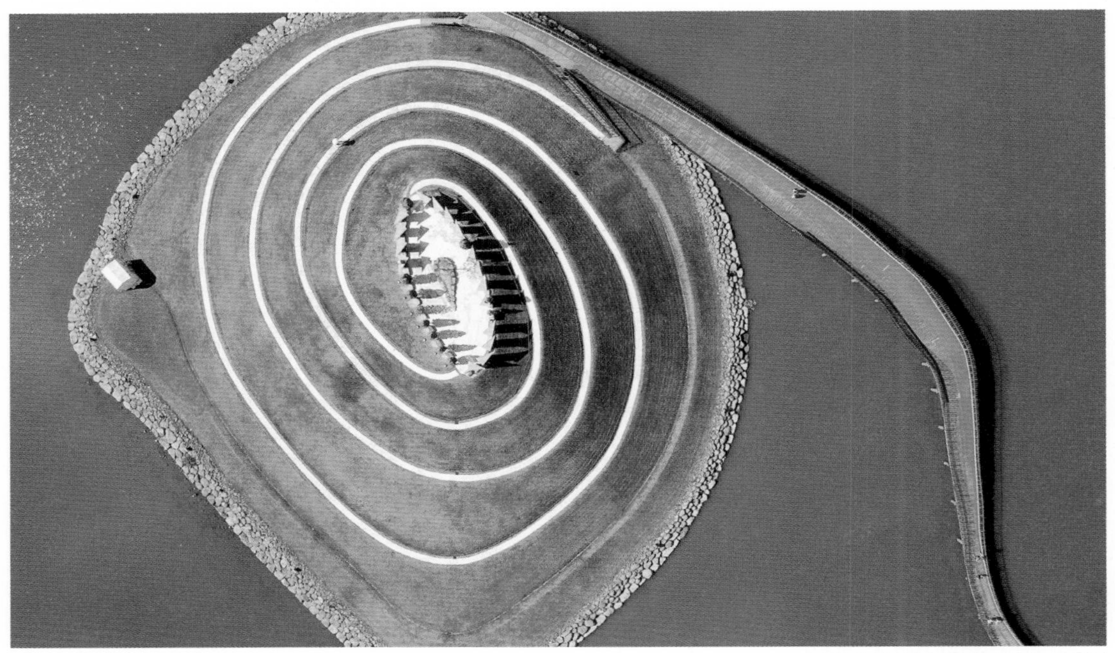

김덕일, 2017년 9월 @전라남도 순천시

2013년 순천만 국제정원박람회를 개최하면서 조성된 순천만국가정원은 우리 조상들이 가꾸던 전통 정원을 비롯해 11개 국가의 정원을 세계적 정원 디자이너 찰스 젱스가 디자인한 호수 정원이다. 인간이 만든 자연의 모습으로 감동을 선사하는 이곳은 해마다 5백만 명이 넘는 관광객을 불러들이고 있으며, 2015년 '대한민국 1호 국가정원'으로 지정됐다. 다양한 볼거리 중 호수 가운데에 있는 봉화언덕은 많은 사람이 찾는 순천만국가정원의 대표적 랜드마크이다. 봉화언덕은 높이가 16m로 순천의 봉화산을 형상화한 것으로, 순천만국가정원 내부 공간 중 가장 고도가 높다. 빙글빙글 돌다 보면 어느새 정상에 도달하는 재미있는 언덕길을 따라 많은 관광객들이 봉화언덕에 오른다.

105 향가터널과 향가교

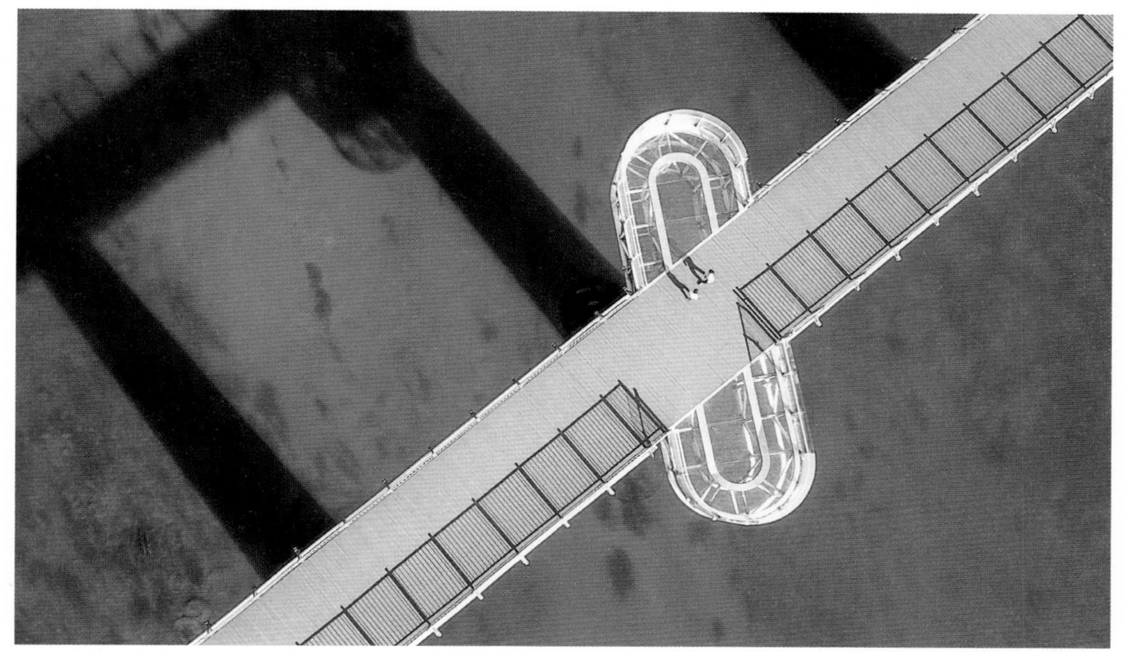

김덕일, 2017년 10월 @전라북도 순창군

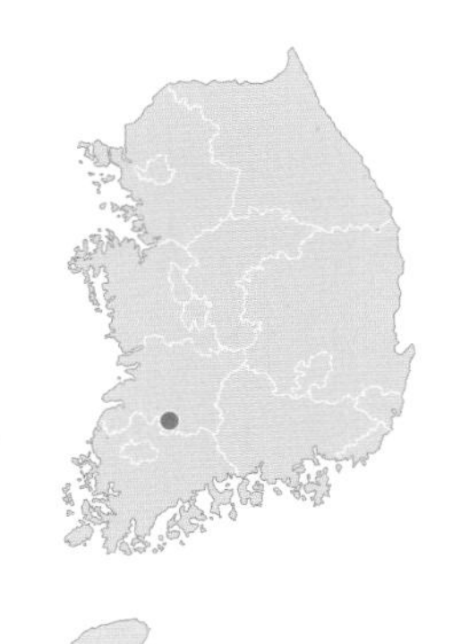

향가터널은 전라북도 순창군 풍산면 옥출산을 뚫은 길이 384m의 터널이다. 일제강점기에 일제가 순창과 남원, 곡성 일대에서 생산되는 쌀을 수탈하기 위한 목적으로 철로를 가설하기 위해 만들었다. 하지만 1945년 광복이 되면서 철로를 미처 가설하지 못한 채 터널만 남게 되었다. 그리고 철교 가설을 위해 만들어 놓은 교각은 '섬진강 자전거길'로 이용되고 있다. 섬진강변을 걷다가 향가터널을 발견하고, 그 터널을 걸어서 나오니 뻥 뚫린 섬진강이 보인다. 일제가 우리를 수탈한 역사의 아픔이 남아 있는 옛 철길이지만, 물과 교각과 빛이 아름다움을 자아낸다. 힐링이다.

106 광주의 상징, 금남로

김덕일, 2017년 10월 @광주광역시 동구

금남로는 광주광역시 북구 임동에서 동구 5·18 민주광장을 북서에서 남동으로 잇는 길이 2.5km의 도로이다. 충장로와 함께 광주광역시 내 금융 및 상업의 중추적인 역할을 하는 번화가이다. 도로명 금남은 조선 인조가 이괄의 난을 진압한 정충신鄭忠信(1576~1636)에게 진무 1등공신과 함께 내린 군호君號이다. 행정과 금융의 중심지 역할을 했던 금남로는 지금 '민주와 인권'의 성지로 회자된다. 이는 4·19 혁명을 비롯하여 5·18 광주민주화운동, 6월 민주항쟁 등 민주주의를 쟁취하기 위해 많은 사람들이 피를 흘렸던 장소이기 때문이다. 특히 피로써 민주주의를 지켜낸 5·18 광주민주화운동의 현장이다. 금남로 1가의 옛 전남도청에서 옛 광주은행 사거리까지 518m는 2011년에 '유네스코 민주인권로'로 지정되었다. 그리고 사진 아래쪽의 흰 건물은 민주화 운동 당시 헬기 사격 탄흔이 남아 있는 전일빌딩이다.

107 선착장과 연도교

김석용, 2017년 1월 @인천광역시 중구

물은 두 지역을 이어 주기도 하지만 차단하기도 한다. 특히 섬이 많은 지역에서는 더욱 그렇다. 그렇기에 섬 지역에서는 숙원 사업 1순위가 다리를 놓는 일이다. 섬과 섬을 이어 주는 다리를 연도교連島橋라 하고, 육지와 섬을 이어 주는 다리를 연륙교連陸橋라 한다. 인천국제공항은 영종도와 용유도 및 그 사이 바다를 매립해 만든 곳이다. 용유도 해안을 따라 남쪽으로 가면 잠진도와 제방도로로 이어져 있고, 잠진 선착장에서 더 남쪽으로 가면 무의도가 보인다. 2019년 4월 잠진도와 무의도 사이에 다리가 건설되고 있다. 다리(무의대교)[1]가 건설되고 나면 이 선착장의 풍경도 많이 달라질 것이다.

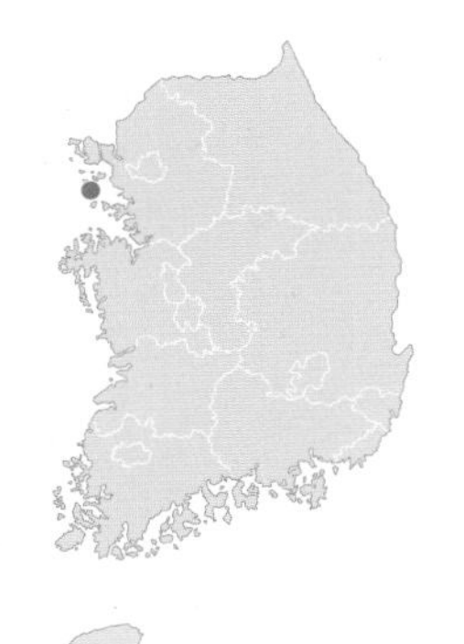

1. 무의대교는 잠진도와 무의도 사이를 연결하는 연도교이며, 2019년 4월 말에 개통되었다.

108 소중한 바닷길

김하늘, 2017년 9월 @인천광역시 옹진군

바다는 섬과 육지를 단절시키는 장애물이다. 그러나 섬의 생존을 위해서는 장애물을 극복해야만 한다. 쾌속선은 약 230km의 항로를 헤쳐 나가면서 매일매일 새로운 바닷길을 만들어 낸다. 인천 연안부두와 소청도-대청도-백령도를 이어 주는 유일한 바닷길에는 섬 주민들의 애환과, 우리 영토와 영해를 수호하는 국군 장병들의 굳은 결의가 담겨 있다. 이 길이 없다면 섬은 생존에 어려움을 겪게 될 것이다. 소중한 바닷길이다.

109 이념과 감시의 길

김석용, 2018년 1월 @경기도 포천시

포천의 축제를 홍보하는 광고판이 매우 크다. 사실 이런 광고판이 붙은 곳은 대부분 군사 시설물이다. 강원도나 경기 북부 지역 도로를 달리다 보면 흔히 마주치는 것 중 하나가 대전차방호벽인데, 대전차방호벽은 유사시에 무너뜨려서 적 전차의 남하를 지연시키기 위한 군 작전 시설이다. 보통 사진과 같은 터널 형태의 '고가 낙석'과, 도로 양 옆에 콘크리트 블록을 장벽처럼 세운 '도로 낙석'이 대표적이다. 대부분 70년대에 지어졌으며, 주변에는 도로를 통해 다가오는 적을 감시하기 위한 시설물이 설치되어 있다. 소통이 강조되는 곳이 길이지만, 이곳에서의 길은 이념과 감시의 길이다.

110 빙하의 흔적, 게이랑에르 피오르

김민숙, 2017년 8월 @노르웨이 게이랑에르

현실을 내려놓고 깊숙히, 아주 깊숙히 자연 속으로 들어간다. 빙하의 흔적이 살아 있는 바닷길의 여정에서 또 다른 시간의 흐름을 보게 된다. 자연은 늘 또 다른 길과 답을 우리에게 준다. 노르웨이의 빙하가 만든 지형 경관은 숨막히는 웅장함과 아름다움을 뽐내며 숙연함마저 갖게 한다. 피오르fjord는 최대 1,300m가 넘는 곳이 있으니 우리나라 황해와 남해가 100m 이하인 것에 비교하면 경이롭다. 게이랑에르Geiranger는 협만峽灣으로서의 기품이 남다르고 웅장하다. 빙하가 지나간 길인 U자곡의 끝을 따라가는 절경이 거칠게 내리 뿜는 폭포수의 시원한 물줄기와 함께 과거를 여행하게 해 준다. '자연은 언제나 지금이 최선이다'라는 신승근 시인의 글이 와닿는다. 나도 가끔 시인이 되고 싶을 때가 있다. 길에서 지리를 만나는 순간을 그대로 전하고 싶은 간절함을 갖게 하는 자연의 힘 때문이다.

111 변화하는 실크로드

김석용, 2017년 7월 @중국 신장 위구르 자치구

중국 서부 지역은 매우 건조한 사막으로, 거주와 통행이 어렵다. 이곳을 실크로드silk road가 지난다. 정말 이름만 실크로드, 비단길일 뿐, 실제 비단이 깔린 것처럼 아름다운 길을 생각하면 오산이다. 그래서인지 요즘 세계사 교과서에는 비단길을 사막길로 지칭한다. 현실적이다. 이름이야 어쨌든 실크로드는 여러 어려움을 딛고 동서양 간에 문물을 교류했던 길이다. 이런 실크로드에 최근 아스팔트가 깔렸다. 중국 정부의 투자로 철도와 도로망이 현대화되어 지역 간 물자 교류가 용이해진 것이다.

112 길을 뚫어라

김석용, 2017년 7월 @타지키스탄 호루그

아프가니스탄에서 절벽에 길을 내는 모습을 하천 너머 타지키스탄에서 바라볼 수 있었다. 하지만 타지키스탄에서 아프가니스탄으로 건너갈 교통로는 없었다. 이는 두 나라 사이에 사람과 물자 교류가 나타나고 있지 않음을 보여 준다. 과학 기술의 도움 없이 절벽에 길을 내는 것은 얼마나 힘든 일일까? 타지키스탄과 국경을 이루는 아프가니스탄의 와칸 계곡에서는 지금도 별다른 중장비 없이 길을 내고 있다. 무모하다고 해야 할까? 대단하다고 해야 할까? 이는 경제력 때문이기도 하지만 하천이 교통로 역할을 하지 못하기 때문일 것이다.

113 보이지만 만나지 않는 길

김석용, 2017년 7월 @타지키스탄 호루그

와칸 회랑Wakhan Corridor은 아프가니스탄에 위치하며 타지키스탄, 중국, 파키스탄의 세 국가와 국경을 접한 회랑[2]이다. 또한 지리적으로는 높고 험준한 산지인 파미르고원, 힌두쿠시산맥, 쿤룬산맥이 만나는 결절knot에 위치하는 좁고 긴 계곡이다. 사진의 강 왼쪽은 타지키스탄이고, 오른쪽은 아프가니스탄이며, 오른쪽 산봉우리 너머는 파키스탄이다. 그리고 아랄해로 흘러가는 아무다리야강의 상류인 판지강이 흐르고 있다. 하천 양안은 보통 같은 문화를 형성한다. 다리가 없던 시절에도 왕래가 가능하며, 다리가 생긴 후에는 교류가 더욱 활발해지기 때문이다. 그런데 길이가 300km에 이르는 이곳 와칸 계곡의 하천은 엄격한 통제가 이루어지는 국경선이며, 하천을 건널 수 있는 다리가 고작 3곳뿐이다. 따라서 양쪽의 도로는 만나지 않으며, 문화의 차이도 생긴다. 강을 따라 서로 평행선을 달린다고나 할까?

---

2. 폭이 좁고 길이가 긴 지역

114 혜초가 지나간 길의 불교 유적

김석용, 2017년 7월 @타지키스탄 랑가르

와칸 계곡은 드높고 험준한 산지 사이의 계곡이기에 중요한 교통로였다. 실크로드의 한 갈래였으며, 많은 불교도들이 왕래하였다. 『왕오천축국전』을 쓴 혜초도 약 1,300년 전 이 길을 통해 천축국(인도)에서 당의 수도인 장안까지 이동하였다. 혜초가 힘겹게 여행한 길이지만 지금 이곳에는 불교 유적이 거의 남아 있지 않다. 오랜 기간 이슬람 왕조의 통치를 받았기 때문이다. 길가에 남은 하나의 탑(브랑 스투파)만이 당시 불교 문화의 흔적을 보여 주고 있다.

그대는 서역 이역이 멀다고 원망하고, 나는 동쪽 길이 멀다고 탄식하노라.

길은 험하고 눈 쌓인 산마루 아스라한데 험한 골짜기엔 도적 떼가 길을 트누나.

새도 날다가 가파른 산에 짐짓 놀라고, 사람은 기우뚱한 다리 건너기 어렵네.

평생 눈물을 훔쳐 본 적 없는 나건만 오늘만은 하염없는 눈물 뿌리는구나. (왕오천축국전 중 혜초가 쓴 시)

115 세계의 지붕에 난 길, 파미르 하이웨이

김석용, 2017년 7월 @타지키스탄 무르가브

파미르고원은 중국, 파키스탄, 아프가니스탄, 타지키스탄 및 키르기스스탄에 걸쳐 있고, 평균 높이 6,100m 이상의 산줄기들이 모여 이루어진 곳이며, '세계의 지붕'이라는 별명을 갖고 있다. 그 파미르고원을 가로지르는 도로 중 해발 고도 4,000m를 오르내리는 도로가 파미르 하이웨이이다. 물론 이 도로도 고대 실크로드의 한 구간이다. 고구려 유민이었던 당나라의 고선지도 이 파미르고원을 지나 서역을 정벌했고, 인도에서 돌아오던 혜초도 이곳을 지났을 것이다. 홀로 자전거로 여행하고 있는 한국인 할아버지도 만났다. 너무 반가웠다.

116 길목에 발달한 도시, 무르가브의 컨테이너 시장

김석용, 2017년 7월 @타지키스탄 무르가브

중국, 타지키스탄, 키르기스스탄, 파키스탄의 교차로에 해당하는 곳이 타지키스탄의 무르가브인데 실크로드 중 한 곳이다. 근래에 인근 국가와의 교역이 많아지면서 다시 활발해지고 있다. 요즘에는 컨테이너를 이용해 물건들이 운반되면서 그 컨테이너를 활용한 시장이 발달하고 있다. 즉, 컨테이너 하나하나가 각각의 상점들이다.

117 이 길이 국경선이라고?

김석용, 2017년 7월 @키르기스스탄과 카자흐스탄

키르기스스탄과 카자흐스탄 사이의 카르카라Karkara 국경 지대는 완만하고 넓은 초원 지대로 되어 있는데, 소년이 서 있는 이 길이 바로 두 나라 사이의 국경선이다. 물론 국경 검문소가 따로 있기는 하지만 이곳에서 만큼은 주민들이 국경의 구분 없이 자유롭게 넘나들고 있다. 과거의 유목 전통이 이어지고 있기 때문이다. 한국인이 국경에 대해 가지고 있는 이미지와는 너무나도 다르다.

118 대륙 횡단의 꿈길

김석용, 2017년 7월 @타지키스탄 이스카심

유럽의 스위스에서 출발하여
이탈리아, 그리스, 터키, 이란, 튀르크메니스탄, 우즈베키스탄,
키르기스스탄, 카자흐스탄, 러시아, 몽골, 중국을 지나
태평양까지 여행한다는 꿈을 ….
나는 꾸고 있는가?
우리는 꾸고 있는가?
'말도 안 되는 소리'라고 하면서
아예 이런 꿈도 갖고 있지 않다면
그 이유는 무엇일까?

119 조선 시대의 국도, 관갑천 잔도

김석용, 2015년 10월 @경상북도 문경시

조선시대에 한양과 동래(부산)를 연결하는 도로를 영남대로라고 하며, 국가가 관리하였다. 즉 요즘의 국도이다. 조선 시대의 도로는 보행자 위주의 길이었기에 마차가 다니기에도 좁을 정도였고, 산간 지방이나 경사지를 지날 때에는 길이 더 좁아졌다. 특히 문경의 고모산성 부근은 경사가 급해서 잔도를 설치해야 할 정도였다. 이곳을 관갑천 잔도串岬遷 棧道라고 한다. 잔도는 험한 벼랑 같은 곳에 선반을 매달아 놓은 것처럼 만든 길을 뜻한다.

120 신선한 교통 수단, 라파스의 케이블카

박상길, 2018년 1월 @볼리비아 라파스

세계의 수도 중 가장 해발 고도가 높은 볼리비아의 수도 라파스를 중심으로 한 수도권에는 240만여 명이 거주한다. 4,000m가 넘는 정상부의 엘알토와 계곡부의 라파스까지 거주하는데, 고도가 높을수록 서민들이 거주하고, 고도가 낮을수록 기후가 온화해 고급 주택가를 이룬다. 이곳의 가장 큰 문제는 급경사와 협소한 계곡에 간선도로가 위치하여 매연과 교통난이 심하다는 것이다. 2014년 획기적인 교통 수단이 등장하였는데, 바로 케이블카이다. 국기 색깔을 반영하여 1차로 빨간색, 노란색, 녹색 노선을 개통하였으며, 2017년에 파란색, 오렌지색 노선이 개통되었다. 지금도 5개 노선이 공사 중이다. 해발 3,200m에서 출발하는 케이블카로 한 번만 환승하면 몇 분만에 4,100m까지 이동이 가능하다. 케이블카가 다니는 지역에서 사생활 침해 문제도 제기되었지만 교통 체증 해소, 매연과 소음 감소, 지역 간 소통, 교통 약자 보호 등의 장점을 내세우며 새로운 교통수단으로 각광받고 있다. 특히 정상에서 보는 야경과 탑승 자체가 볼거리가 되면서 관광객들의 필수 방문 장소가 되었다.

121 모든 곳이 길이 되는 우유니 소금사막

박상길, 2018년 1월 @볼리비아 우유니

우유니 소금사막에 비가 와서 물이 살짝 고였다. 물이 고인 곳에 하늘이 반영되어 어디가 땅이고 어디가 하늘인지 분간하기 힘든 몽환적 분위기를 자아낸다. 볼리비아 남부는 위도상 남반구 사바나기후대에 위치하지만, 3,800m 고산지대에 위치하고 있고, 아타카마 사막의 연장선상에 있어서 전반적으로 건조한 편이다. 1월부터 시작하는 우기에는 가끔씩 비가 내리는데, 우리가 답사하기 3일 전에 내린 비로 인해 가장자리가 물에 잠겼다. 물에 잠긴 우유니는 하늘과 땅 모든 곳이 길이 되었다.

122 잉카의 길과 잉카의 다리

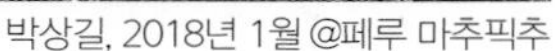

박상길, 2018년 1월 @페루 마추픽추

안데스 산지에서 발생한 잉카문명은 철기, 바퀴, 말이 없는 문명이었다. 하지만 정교한 석조 기술로 마추픽추와 삭사이와망 등 많은 유적지를 남겨 놓았다. 그중에서도 잉카 제국의 각 지역을 실핏줄처럼 이어 주는 잉카의 길은 잉카인들의 삶을 엿볼 수 있는 소중한 자료이다. 이 길을 '차스키'라는 전령이 달려서 각종 정보와 물품을 전달했는데, 천 길 낭떠러지 좁디좁은 길 곳곳에 나무로 다리를 만들어 유사시엔 나무만 제거하면 되는 효율성도 갖추었다. 차스키는 우리나라 역원 제도의 파발마와 비슷한데, 전령들이 열심히 달리면 태평양의 생선이 하루 만에 왕의 밥상에 올랐다고 한다.

123 차마고도 협곡

안교식, 2017년 8월 @중국 티베트 자치구

차마고도茶馬古道의 역사는 차의 역사와 함께한다. 윈난성雲南省에서 생산된 보이차를 말과 노새에 싣고 티베트 깊은 곳까지 '마방馬幇'에 의해 운반되었다. 차마고도는 생계의 길이자 죽음의 길이었다. 겨우 말 한 마리 지나갈 정도로 좁은 벼랑길에 해발 5,000m를 넘는 험한 길이 많았기 때문이다. 사진 속 하천은 남중국해로 흐르는 란찬강(메콩강)이며, 동중국해로 흐르는 진샤강(양쯔강 상류), 벵골만으로 흐르는 누강(살윈강 상류) 등도 능선 너머의 이웃 계곡들을 이룬다. 대하천의 최상류 지역으로 전형적인 V자곡을 이루고 있다.

124 차마고도 72굽잇길

안교식, 2017년 8월 @중국 티베트 자치구

차마고도를 통해 운남의 차는 티베트의 옌징에서 소금과 교환되었고, 라싸 인근에서는 말이나 산양, 야크 모피, 동충하초, 녹용 등과도 거래되었다. 인도의 불교 문화와 중국의 비단과 도자기, 종이 문화도 차마고도를 통해 교류되었다. 실크로드가 담당했던 동서양의 문명 교류가, 차마고도에서는 동양 국가 사이의 동서남북 문명교류로 이어졌다. 현재는 운남(쿤밍) – 티베트(라싸)의 진장공로(국도 214번)와 천장공로(국도 318번)가 대체 수행하고 있는데, 하루에도 몇 번씩 4,000~5,000m가 넘는 고갯길을 올랐다가 금세 2,000m 이상을 내려가기도 한다. 중국이 지배하는 티베트 지역은 접근에 불편한 점도 있지만 고도와 지형에 따라 변화무쌍한 자연 풍경, 만년설 덮인 설산과 빙하, 초원과 원시림의 풍요로움, 소수민족들의 원시적이고 고유한 문화 등을 동시에 만날 수 있다.

125 수탈길

유승상, 2017년 10월 @전라북도 김제시

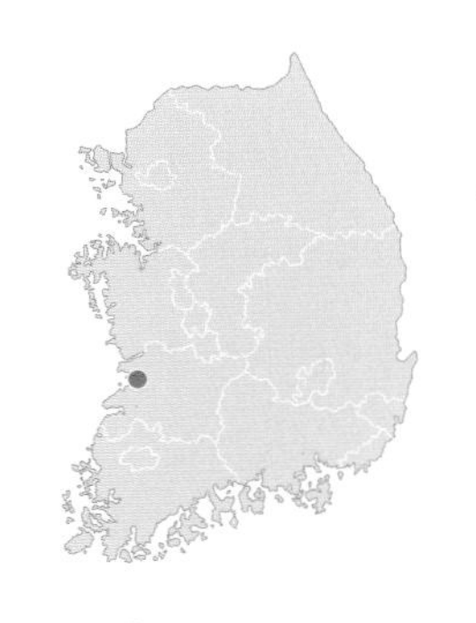

김제의 광활간척지는 일제강점기에 만들어졌다. 일본인 한 사람의 농장이 광활면 행정구역으로 독립된 것을 보면, 일제의 토지 착취와 그 규모를 알 수 있다. 광활간척지의 조선인 농업 노동자들의 집들은 직사각형 농경지의 수로와 농로를 따라 일렬로 12채 또는 24채씩 지어져 일자이간형一字二間型 가옥의 열촌으로 조성되었다. 일본인들이 거주하는 지역은 터돋움을 하여 지어졌고, 사진의 2시 방향에 모여 있는 마을이 이에 해당한다. 수탈길은 전북의 평야 지역 여러 곳에서 볼 수 있다. 군산시 미성동에는 일본인 농장이 있었던 열대자 마을이 있는데 열대자란 도로 폭이 '열다섯 자'라는 뜻이다. 시골 논두렁길이 왜 열다섯 자나 되는 넓은 길로 만들어졌을까?

126 리마의 굴절버스전용도로

윤신원, 2018년 1월 @페루 리마

페루 수도 리마의 대중교통인 메트로폴리타노. 보통 BRT(Bus Rapid Transit, 간선급행버스체계)라고 부르는 굴절버스전용도로는 지하철에 비해 건설비가 1/10로 저렴해서 개발도상국의 대중교통 체계로 각광받고 있다. 페루 리마를 비롯해 콜롬비아 보고타, 과테말라의 과테말라시티, 우리나라 세종시까지 빠른 속도로 보급되고 있는 이유이다. 대중교통의 개선과 천연가스 사용으로 환경오염을 줄이는 등 다양한 긍정적 파급 효과가 있다.

127 친체로의 골목길

윤신원, 2018년 1월 @페루 쿠스코주

친체로Chinchero는 쿠스코에서 28km 정도 떨어진 작은 마을로, 해발 고도 3,800m의 고산지대이다. 잉카 시대에는 거대한 신전이 있던 곳이며, 황제의 행궁이 있었던 성스러운 곳이었다. 그러나 에스파냐 정복자들은 잉카의 전통 신앙을 무너뜨리고자 신전이나 성소를 허물고 그 위에 가톨릭교의 신전인 성당을 지었다. 마을 곳곳에서 하단의 잉카시대 석조 기단과 그 위에 세워진 정복 시대 이후의 양식이 어우러진 것을 볼 수 있는데 역사의 장면들을 연상케 한다. 이 골목길에서 보듯 잉카 시대의 건축물들은 흙벽돌을 이용해서 쌓다 보니 그 기초에는 돌을 쌓았다. 그런데 이곳은 지진이 많은 신기조산대여서 에스파냐 사람들도 건축할 때에는 기단석을 허물지 않고 건물을 지었고, 이처럼 하단의 석조를 이용한 양식이 보편적인 건축 양식이 되었다. 지금도 주택을 지을 때에는 하단에 석조 모양의 타일이나 문양을 넣는다고 한다.

128 집으로 가는 길

윤신원, 2018년 1월 @페루 쿠스코주

쿠스코는 잉카 제국의 수도로 번영을 누렸고, 잉카족은 성스러운 강인 우루밤바강이 흐르는 긴 계곡을 따라 주변 지역으로 세력을 확장해 나갔다. 쿠스코 근교 지역인 성스러운 계곡은 생산성이 높은 경작지여서 11~15세기에 잉카 황제 및 황족의 영지로 기능했다. 잉카인들은 황제를 태양신 인티Inti의 화신으로 섬겨서 이 땅 역시 신성한 땅이라고 여겼다. 근처에는 잉카 시대에 농업 연구를 했던 원형 계단식 시설, 모라이 유적도 있다. 구릉지를 따라 펼쳐진 경작지와 풀밭, 먼지가 풀풀 날리는 비포장 도로, 인도와 차도가 구분되지도 않은 길을 통학하는 아이들이 걷고 있다. 학교와 집의 거리가 멀어 한참을 걸어야 하는 아이들, 그래도 아이들의 발걸음은 가볍다.

129 페루 레일

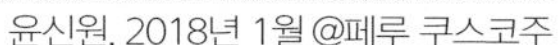
윤신원, 2018년 1월 @페루 쿠스코주

페루 레일 열차가 지나가는 아과스칼리엔테스 마을 길. 아과스칼리엔테스 Aguas Calientes는 따뜻한 물, 즉 온천이라는 뜻이다. 이 마을은 험준한 계곡 아래에 있지만 마추픽추를 보러 오는 전 세계 여행자들로 북적대는 곳이다. 페루 레일은 쿠스코에서 마추픽추로 가는 사람들이 이용하는데, 꽤 고급 열차 여행을 즐길 수 있다. 창뿐만 아니라 하늘까지 통유리로 뚫린 열차를 타고 변화무쌍한 협곡을 달려 마추픽추 코앞에 있는 마을까지 들어가는 경험은 그 자체로 설레고 신비스럽다. 아과스칼리엔테스의 길은 열차가 태우고 오는 전 세계 여행자들의 꿈이 묻어나는 길이다. 이 길 위에서 얼마나 많은 이들이 하늘을 올려다 보았을까? 하늘이 맑게 개어 청명한 마추픽추를 만나게 되기를 ….

130 요정의 길

이영섭, 2016년 8월 @노르웨이 온달스네스

중앙선도 없는 길에서 11번의 급커브를 돌아가는 이 길을 트롤스티겐 로드Trollstigen road(요정의 길)라고 부른다. 이 도로는 1936년에 완공되었는데, 빙하가 만든 U자형의 깊은 협곡에 지그재그로 길을 낸 것으로, 마치 요정이 만들어 놓은 사다리와 같다 하여 '요정의 사다리 길'이란 이름이 붙여지기도 하였다. 사람들은 어떤 곳에서도 길을 내며 살아간다.

131 결절지인 공덕오거리

이태우, 2016년 8월 @서울특별시 마포구

우리는 매일 길 위에 선다. 그리고 길을 따라 원하는 곳으로 이동한다. 길은 선으로 나타나는데 특히 여러 길이 만나는 지점을 지리학에서는 결절이라고 표현한다. 결절이 일어나는 지역은 접근성이 높고 상호작용이 활발하다. 그래서 이곳은 효용과 편리를 추구하는 이들에게 매력적인 곳이다. 따라서 결절 지역은 지가가 높으며, 효율적 토지 이용을 위해 고층 건물이 들어선다. 다른 지역에 비해 높은 빌딩이 집중되어 있는 공덕오거리가 그런 곳이다.

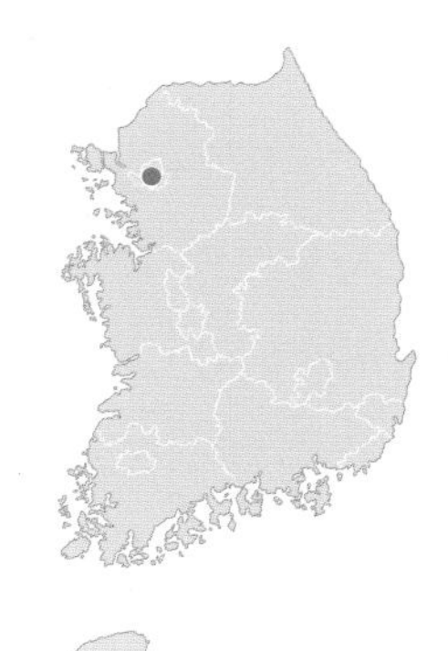

132 사막의 곧은 도로

이태우, 2014년 8월 @몽골 만달고비

사진 속 만달고비에는 직선 도로가 끝없이 뻗어 있고, 도로 주변에는 시야를 방해하는 지형지물이 거의 보이지 않는다. 도로를 놓으려면 산을 돌아가거나 터널까지 뚫어야 하는 한국과는 대조적이다. 사진의 고비 사막은 안정육괴安定陸塊이다. 안정육괴란 지형의 굴곡을 만드는 커다란 지각 변동을 오랜 시간 동안 겪지 않은 곳이다. 대신 지형을 평탄하게 하는 작용인 침식과 풍화, 매스

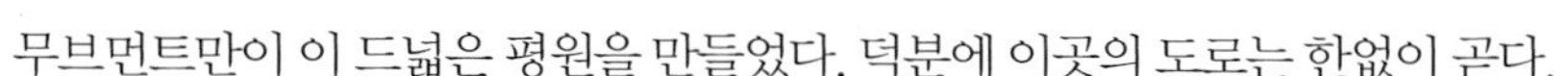

무브먼트만이 이 드넓은 평원을 만들었다. 덕분에 이곳의 도로는 한없이 곧다.

133 굽이쳐 흐르는 하천의 길

이태우, 2015년 1월 @뉴질랜드 켄터베리주

하천 침식의 기준이 되는 일정한 면을 침식 기준면이라 하는데, 지류가 합류하는 본류나 호수, 바다 등이 침식 기준면 역할을 한다. 이 기준면 아래로는 하천이 흐르지 못하기 때문이다. 침식 기준면 가까이에서는 중력 방향의 힘, 즉 아래로 흐르는 힘이 약해지면서 옆으로 흐르는 힘이 더 강해진다. 그래서 구불구불 곡류하며 유로의 변동이 잦아지는 것이다. 물길이 바뀌어 더 이상 물이 흐르지 않는 지형을 구하도舊河道라고 하는데, 흔히 농경지 등으로 이용된다.

134 사막에서 길 찾기

이태우, 2014년 8월 @몽골 구르반사이칸국립공원

사막에는 이정표가 없다. 자동차가 지나가면서 만든 바퀴 자국만 이 길이란 것을 알려 주지만 이런 길은 수없이 교차하며, 어디를 둘러봐도 비슷한 경관이기에 길 찾기가 무척 어렵다. 지난 여행에서 6일간 고비를 누비는 동안 가이드는 드넓은 사막에서 가야 할 길을 찾아 목적지로 우리를 척척 안내해 주었다. 인간이 공간을 인식하는 데 기준이 되는 틀을 준거 체계라고 한다. 사하라에서 대상 무역을 하던 상인들은 커다란 사구의 위치와 지나온 사구의 개수, 밤하늘의 별을 준거 체계로 삼아 길을 찾았다고 한다. 이번 여행을 안내해 준 가이드도 자신만의 준거 체계를 활용해 우리를 안내하지 않았을까 추측해 본다.

135 짜릿한 빙하 트레킹

이태우, 2014년 8월 @아르헨티나 엘칼라파테

빙하氷河는 한글로 풀어 쓰면 얼음 강, 즉 얼음이 흐른다는 것인데 얼음은 고체이다. 그래서 방향이 꺾이거나 빙하 아래 굴곡이 있는 지형을 만나면 힘겹게 몸을 비틀며 이동한다. 그 결과 빙하에는 수많은 균열이 생기게 되는데 이를 크레바스crevasse라고 한다. 크레바스는 그 끝이 안 보이고 매우 깊어서 이곳을 여행하기 위해서는 반드시 가이드와 동행해야 한다. 엘칼라파테에서의 빙하 트레킹은 4시간 코스였는데 어느 정도 걷다 보니 자신감이 생겨 조금은 자유롭게 돌아다녔다. 그러자 바로 가이드가 지적한다. 안전한 길만 걸으라고 말이다. 나에게는 다 똑같은 길이었지만 가이드는 미묘한 차이를 알고 우리를 안전한 길로 안내했다. 다시 찾아온 긴장에 트레킹을 더 짜릿하게 마칠 수 있었다.

136 길바닥도 작품

조성호, 2014년 6월 @경상남도 통영시

동피랑은 '동쪽 벼랑'이라는 뜻으로, 동피랑마을은 통영시 동호동, 정량동, 태평동, 중앙동 일대의 언덕 위에 조성된 마을이다. 구불구불한 마을길과 나지막한 담벼락 등에 아름다운 그림과 글씨가 그려지면서 정겨움을 간직한 마을로 다시 태어났다. 도로 위에까지도 …. 길도 예술이 되는 이 마을에 카페와 음식점이 들어서면서 밤에도 많은 사람들이 방문한다. 주민들이 살고 있는 공간이므로 조용히 방문하여 감상하는 예절이 필요하다.

137 국도 3호선 시점비

조성호, 2013년 6월 @경상남도 남해군

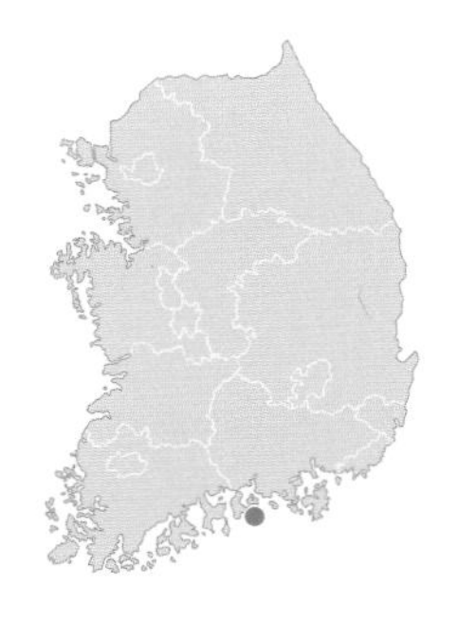

국도 제3호선은 경상남도 남해를 출발하여 진주, 함양, 김천, 상주, 문경, 괴산, 충주 등을 지나 여주와 이천, 서울, 의정부, 연천 등을 거쳐 평안북도 초산군 초산면에 이르는 총연장 1,096km의 일반 국도이다. 일명 남해~초산선으로도 불린다. 분단으로 인해 강원도 철원까지만 구간을 운영하고 있다. 남해군 미조면에 국도 3호선의 시작을 알리는 기념비가 세워져 있다. 남북을 잇는 도로는 홀수 번호를 붙이므로 3번 국도는 서쪽에서부터 두 번째 남북 방향 도로라는 뜻이다.

138 이용하기에 좋은 물길, 라인강

조성호, 2011년 1월 @독일 로렐라이

라인강은 스위스의 토마호湖에서 발원하여 유럽에서 공업이 가장 발달한 독일을 지나 북해로 흘러든다. 본류의 길이가 무려 1,320km로, 유럽의 여러 나라를 지나지만 독일을 흐르는 부분이 가장 길어서 흔히 독일의 상징처럼 불리고 있다. 라인강은 한국의 하천과 달리 강의 흐름이 극히 완만하고 유량 변화가 적어 유럽 대륙을 꿰뚫는 교통의 동맥으로 수운에 널리 이용되고 있다. 내륙 수로로서의 교통량은 북아메리카의 5대호에 이어 세계 2위의 수준이다.

139 물이 흐르는 길, 수도교

조성호, 2012년 1월 @에스파냐 세고비아

1세기 후반에서 2세기 초에 세워졌을 것으로 추정되는 이 수도교는 16km 떨어진 프리오강으로부터 세고비아까지 물을 운반해 오던 시설이다. 화강암으로 만들어졌으며, 지중해성 기후를 가진 주변 국가에 고대 로마제국의 토목공학 기술이 남긴 대표적 건축물이다. 도시에 깨끗하고 풍부한 물을 공급하는 수도水道는 시멘트 등의 부속 재료 없이 오직 화강암만 쌓아 누르는 힘과 균형 감각만으로 아름다운 아치를 만들었다. 당시의 불가사의한 기술력에 감탄하지 않을 수 없다. 지금은 사용되고 있지 않지만 1,000년 이상 고지대의 물을 끌어온 수도교의 지속력과 안정성은 우리의 건축 수준을 되돌아보게 한다.

140 화려한 축제의 길, 삼바드로무

조성호, 2015년 1월 @브라질 리우데자네이루

리우 카니발은 매년 2월 말에서 3월 초 사이에 브라질의 리우에서 열리는 축제이다. 이때에는 토요일 밤부터 수요일 새벽까지 밤낮을 가리지 않고 카니발이 열리는데, 전 세계의 관광객이 이 축제를 보기 위해 브라질로 모여든다. 리우 카니발의 핵심은 삼바 퍼레이드이며, 삼바 무용수들이 퍼레이드를 할 수 있도록 설계된 거리를 '삼바드로무Sambadrome, Sambodromo'라고 한다. 700m나 되는 이 삼바드로무에는 6만 명의 관람객을 수용할 수 있다.

141 치유의 길, 어부림 숲길

조성호, 2013년 6월 @경상남도 남해군

경상남도 남해군 삼동면 물건리에 있는 어부림이다. 이 숲은 바닷가를 따라 길이 1,500m, 너비 30m 정도로 팽나무, 상수리나무, 느티나무, 이팝나무, 후박나무 등의 수목이 자라고 있다. 대부분의 해안 지역에 조성된 숲이 주로 해송으로 이루어진 것에 비해 이곳은 활엽수림으로 조성된 것이 특징이며, 바람을 막아줄 뿐만 아니라 숲이 그늘을 만들어 물고기 떼를 유인하기도 한다. 숲 속으로 난 길을 따라 걷다 보면 무거웠던 마음이 가벼워지는 것을 느낄 수 있다.

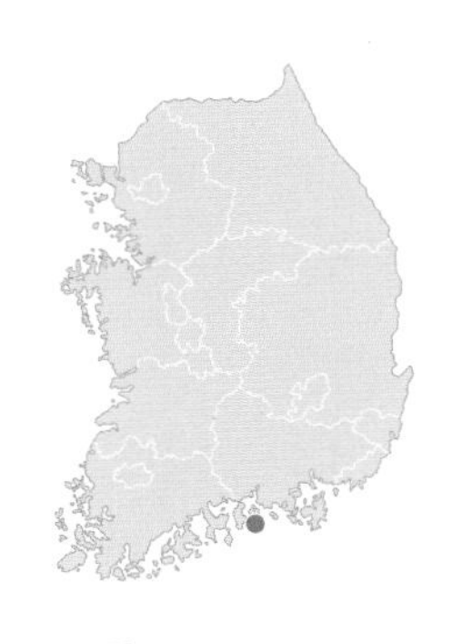

142 바람길, 에너지길

조성호, 2015년 7월 @중국 신장 위구르 자치구

에너지 수요가 기하급수적으로 증가하고 있는 중국에서도 신재생 에너지에 대한 관심이 크게 늘어나고 있다. 신장 위구르 자치구의 동쪽에 있는 투루판 분지에서 우루무치로 가는 길에 만난 톈산산맥의 좁은 협곡. 이곳에서는 몇 시간을 차로 달려도 끝나지 않는 풍력발전기들을 볼 수 있다. 장관이다. 어느덧 이 풍력발전기는 우루무치의 새로운 명물로 관광객들이 사진을 찍고 갈 정도가 되었다.

143 물이 빚어낸 길, 앤털로프 캐년

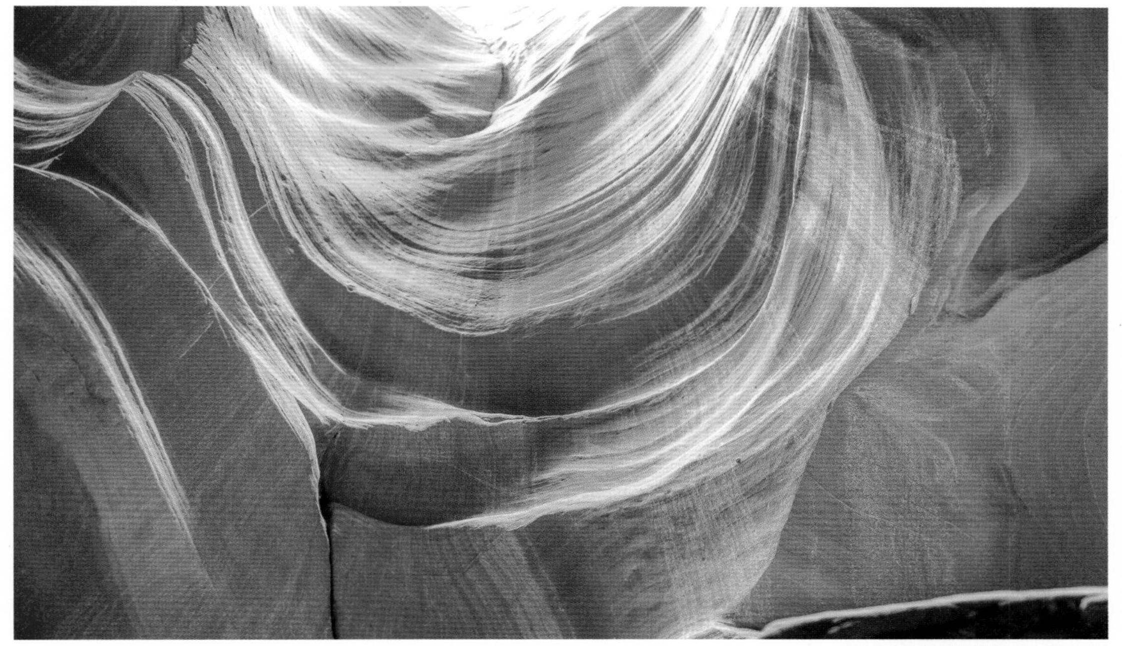

조성호, 2013년 1월 @미국 애리조나

건조한 지역에서는 가끔씩 내리는 비가 거센 물살을 만들어 주변 지형을 침식하게 된다. 이 지역은 모래가 퇴적되어 형성된 사암이 기반암을 이루고 있는데, 거센 물살에 의해 암석 표면이 떨어져 나가거나, 물살에 의해 함께 운반되는 작은 모래나 자갈 등이 기반암을 갉아 내면서 아름다운 앤털로프Antelope 계곡이 형성되었다. 빛의 양이나 각도 등에 따라 계곡이 아름답게 변하는데 가히 환상적이다. 분명 돌인데, 쉼 없이 흐르는 물이 보인다.

144 절벽에 만들어진 벼랑길, 잔도

조성호, 2015년 8월 @중국 후난성

잔도棧道는 험한 벼랑 같은 곳에 선반을 매달아 놓듯이 만든 길로서, 목적지에 다다르기 위해 어쩔 수 없이 지어진 절박한 길이자 아주 위험한 길이다. 요즘에는 관광지가 되었는데, 중국의 대표적 관광지 중 하나인 장자제張家界 톈먼산天門山에는 해발 1,400m 높이의 절벽을 따라 잔도가 만들어져 있다. 이 중 약 60m 구간이 유리로 되어 있어 천길 낭떠러지를 고스란히 체험할 수 있다. 두 번은 가기 싫다.

145 보이지만 막힌 길

조성호, 2016년 8월 @중국 지린성

투먼圖們은 중국 지린성吉林省 옌볜조선족자치주에 위치한 두만강 중류의 국경 도시이다. 북한의 온성 지역과 두만강을 사이에 두고 국경을 이룬다. 다리 가운데에 과속방지턱처럼 가로로 표시된 곳이 중국과 북한의 국경이며, 관광객은 거기까지만 걸어가 볼 수 있다. 대부분 우리나라 사람들인 관광객들은 국경에 서서 사진을 찍는다. 강 건너 보이는 곳이 북한 온성군이다.

146 한적한, 그러나 엄격한 기찻길

최종현, 2011년 8월 @중국 지린성

최전방에서 군복무를 했다. 군복무 내내 북한 땅을 보며 생활했다. 전역을 하며 '이제 언제쯤 북녘 땅을 다시 볼 수 있을까?' 했는데, 중국 지린성에 와서 북녘 땅을 보게 되었다. 아니 중국에서 북한을 봤으니 남녘이라고 해야 할까? 어찌 됐든 이곳도 경계가 삼엄하다. 하지만 군복무를 하면서 우리나라에서 본 국경보다는 덜 삼엄하다. 그리고 더 가깝다. 강만 건너면 북한이다. 북한 땅을 지척에 두고도 밟을 수가 없다. 중국 경비병이 지키고 있다. 그가 지키고 있는 다리는 투먼 철교이다. 두만강을 사이에 두고 위치한 중국과 북한을 연결하는 철길이다. 남한의 철마도 달리고 싶다, 여기까지.

147 상품이 되는 길

조성호, 2015년 8월 @경상북도 울릉군

울릉도의 행남 해안산책로는 도동에서 저동까지 만들어진 해안길이다. 경사가 급한 화산섬인 울릉도에서는 해안을 따라 길을 만들기가 쉽지 않았지만 어렵게나마 바닷가의 절벽을 따라 산책로를 만들었다. 다양한 해안 침식 지형과 옥빛 바다, 그리고 곳곳에 친절하게 설명된 지질과 암석에 대한 설명은 좋은 길벗이 된다. 울릉도에 가면 꼭 이곳을 거니시길. 두 번 거니시길 ….

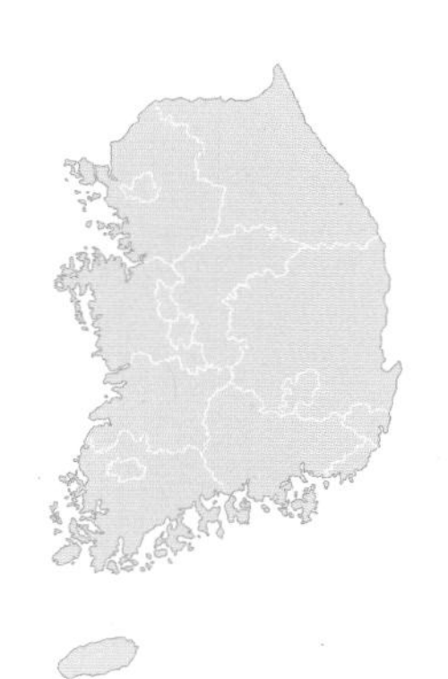

148 현대의 실크로드 카라코람 하이웨이

조성호, 2010년 8월 @중국 신장 위구르 자치구

쿤자랍 고개는 카라코람산맥 동쪽에 있는 고개로, 예로부터 실크로드의 한 갈래였다. 혜초를 비롯한 많은 승려들과 상인들이 이 고개를 넘어 다녔다. 원래는 사람이나 말이 간신히 지날 수 있는 좁고 가파른 길이었으나, 1966년 중국과 파키스탄이 양국 간의 교역로로 활용하고자 길이 1,200km, 왕복 2차선의 카라코람 하이웨이를 만들었다. 현재 이 도로를 통해 양국의 물자가 활발하게 교류되고 있으며, 다시 '실크로드'가 되고 있다.

149 태양을 피하는 곳, 날씨 쉼터

최종필, 2017년 8월 @경기도 구리시

지구 온난화 때문일까? 햇살이 점점 따가워진다. 더구나 건조한 도시에서는 더 심하게 느껴진다. 구리시에서는 2016년부터 교차로 횡단보도에서 신호를 기다리는 사람들을 위해 '날씨 쉼터'를 설치하였다. 처음에는 천막 형태로 설치되었다가 최근에는 고정형으로 설치되어 더울 때에는 그늘을 제공하고 비가 올 때에는 우산의 역할을 하는 일석이조의 효과를 보이고 있다. 배려하고 존중받는 곳이다.

150 달이 만드는 길을 따라

최종현, 2017년 4월 @경기도 화성시

서해안의 여러 곳에서는 썰물이 되면 바다가 갈라져 바닷길이 드러난다. 화성시의 제부도 역시 이러한 곳 중의 하나이다. 제부도에 들어가려면 반드시 물때 시간표를 확인해야 한다. 썰물이 되면 길게 포장도로가 드러나고, 밀물이 되면 포장도로는 사라진다. 썰물 때가 되면 포장도로로 차를 타고 제부도에 들어갈 수 있다. 제부도 해수욕장에 가면 가까운 바다 위로 매바위가 보인다. 그리고 시간이 지나면 잠시 방심하고 있는 사이 또 다른 바닷길이 열린다. 해수욕장에서 매바위까지의 바다가 갈라지기 시작한다. 이때 생긴 바닷길로 매바위까지 바다 사이를 걸어가는 신비한 경험을 할 수 있다.

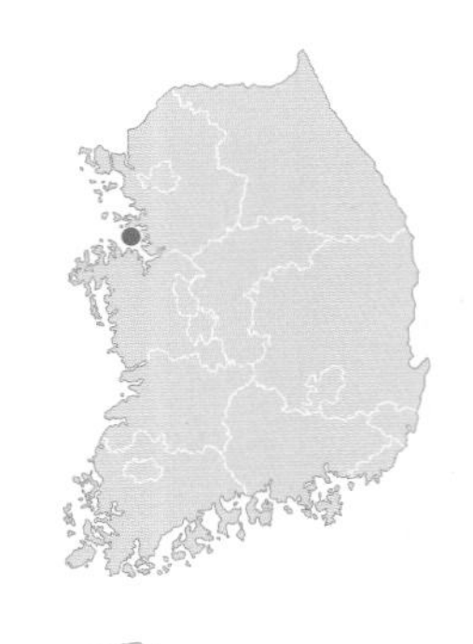

151 일본으로 진출한 제주 올레길

최종현, 2017년 12월 @일본 사가현

'올레길'은 집 대문에서 마을 길까지 이어지는 좁은 골목길을 뜻하는 제주 방언이다. 제주도에 올레길이 개발된 후, 걷는 여행의 유행과 함께 큰 성공을 거두었다. 그리고 지금 제주도에는 총 425km(참고로 서울에서 부산까지의 거리가 약 400km임)에 걸쳐 26개의 올레길 코스가 개발되었다. 제주의 올레길이 일본 규슈에도 진출하였다. 제주도의 조랑말을 모티브로 한 올레길 표지판부터 '규슈올레길'이란 이름까지 그대로 전해졌다. 다만 사가현의 카라츠 코스에는 도요토미 히데요시가 조선 침략의 교두보로 삼았던 나고야 성터가 포함되어 있다. 조선 침략의 교두보가 올레길로 탈바꿈한 현실이 아이러니하게 느껴진다.

152 시베리아로, 그리고 유럽으로 향하는 플랫폼

최종현, 2011년 8월 @러시아 블라디보스토크

러시아의 블라디보스토크역은 시베리아횡단철도의 출발점이자 도착점이다. 블라디보스토크에서 출발하는 기차는 하바로프스크, 이르쿠츠크, 예카테린부르크 등을 거쳐 모스크바까지 9,000km가 넘는 구간을 달려간다. 이는 지구 둘레의 약 1/4에 조금 못미치는 거리이다. 블라디보스토크역 플랫폼까지는 티켓을 끊지 않고도 들어갈 수 있다. 버킷 리스트 중 하나인 시베리아횡단열차는 타지 못했지만, 기차는 실컷 구경하고 왔다. 우연한 기회에 러시아 관광 가이드를 하다가 코로나 19로 인해 귀국한 사람과 이야기를 하게 되었다. 실제 7박 8일간 기차만 타고 달리는 시베리아 횡단이 마냥 신나지만은 않단다. 주변 낯선 사람들과 쉽게 친해지지 못하고 이야기를 나누지 않으면 지루함에 힘들 수도 있단다. 그럼에도 불구하고, 기차를 타고 유럽에 가는 것은 많은 사람들의 버킷 리스트 중 하나이다. 이왕이면 부산에서 출발하면 더 좋겠다. 부산이 시베리아횡단철도의 출발점이자 도착점이 되는 날을 기대해 본다.

153 세계에서 가장 긴 현수교, 아카시 대교

최종현, 2017년 12월 @일본 고베

시모노세키에서 오사카로 향하는 배를 탔다. 저녁에 시모노세키를 출발한 배에서 잠을 자고 일어나면 아침에는 오사카에 도착하는 뱃길이다. 아침 일찍 일어나 갑판 위로 올라갔더니 기다란 현수교가 보인다. 일본 혼슈의 고베시와 시코쿠 사이에 있는 아와지섬을 연결하는 아카시 대교이다. 아카시 대교는 전체 길이 3,911m의 세계에서 가장 긴 현수교이다. 현수교는 케이블을 이용하여 도로의 상판을 지탱하는 구조의 다리이며, 샌프란시스코의 금문교(골든게이트교) 역시 대표적인 현수교 중 하나이다. 일본의 내해인 세토나이카이瀬戸内海에는 혼슈와 시코쿠를 연결하는 세 코스의 다릿길이 있는데 아카시 대교는 그중 하나이다.

154 골목길

최종현, 2017년 11월 @경기도 수원시

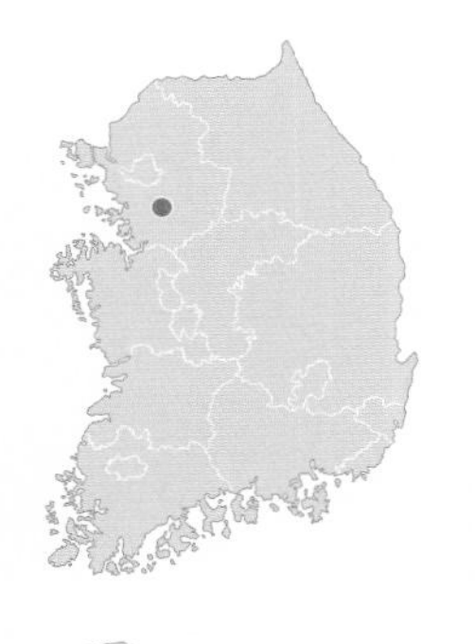

사진은 경기도 수원시 꽃뫼마을 그림 산책길이다. 어렸을 적 골목길은 우리들의 놀이터였다. "종현아, 노올자~!" 하고 친구들이 집 밖에서 부르면 골목길에 나가 다양한 놀이를 하며 하루하루를 보냈다. 땅따먹기, 술래잡기, 딱지치기, 비석치기 등. 공놀이를 하다가 쨍그랑! 옆집 유리를 깬 후, 옆집 할머니한테 혼나고, 어머니한테 또 한번 혼났던 기억도 엊그제 같다. 유리값이 얼마였는지도 기억난다. 그때 함께 놀던 아이들은 지금 어디서 무얼 하고 있을까? 요즘에는 아파트 단지마다 놀이터 시설이 잘 갖춰져 있다. 하지만 아이들이 놀이터에 삼삼오오 모여 휴대폰 게임만 하는 모습을 자주 본다. 삼삼오오 모여서는 각자의 게임을 하는 것이다. 그 아이들을 불러 모아 말하고 싶다.
"얘들아, 라떼는 말이야."

155 마추픽추로 오르는 길

최향임, 2018년 1월 @페루 마추픽추

숨겨진 공중 도시 마추픽추. 이렇게 세련된 도시가 험한 산, 그것도 봉우리에, 그 옛날, 어떻게 만들어졌는지, 주된 목적이 무엇이었는지 무엇 하나 확실하게 아는 것은 없다. 다만 침략자들의 손길이 닿지 않았다는 것. 그래서 이곳만큼은 그들이 문명을 고스란히 간직하고 살았다는 것. 그것만으로도 감사한 마음이다. '언젠가는 …'이라며 생각했던 곳을 가게 되다니 얼마나 기쁘고 설레었던지. 그러나 나는 짧은 일정을 핑계로 외지인을 위해 개발된 길로 편안하게 이곳에 발을 디뎠다. 미안한 마음으로 다시 '언젠가는 …'을 속으로 되뇌었다. 잉카 트레일을 한 발 한 발 걸어 조금이나마 잉카인들의 삶 속으로 들어가 봐야지. 아쉬운 대로 잉카 트레일의 마지막 관문인 선게이트Sun Gate에서 마추픽추를 바라본다. 그 고된 여정 끝에 선게이트에서 보이는 마추픽추가 얼마나 반가웠을까. 그러나 지금 관광지 개발을 위해 낸 구불구불한 저 산길은 마치 내가 낸 상처 같아 마음이 아프다.

Ⅳ. 섬, 다름을 마주하다

오래전 제주도 출신의 한 지리 교사가 군 복무 중 휴가를 받습니다. 그는 제주 공항에 내리자마자 맨 먼저 바닷가로 갑니다. 바다 냄새를 맡고, 바닷바람에 온몸을 맡겼습니다. 그에게 섬은 마음의 고향이며, 영혼과 같습니다. 섬은 육지와 기후, 식생, 지형이 다르고, 이에 따라 농업과 수산업을 비롯한 산업이 달라집니다. 그래서 섬사람들은 육지와 다른 나름의 삶과 의식을 갖고 살아갑니다.

때로 섬은 고립의 의미가 강조되는 경우가 있습니다. 교통이 불편하던 시절, 평생을 섬에서만 사는 사람이 많았습니다. 이렇게 섬은 언어, 풍속, 종교, 집, 사는 모습이 독특한 문화를 만들어 냅니다. 고립된 섬은 유배지로, 또 감옥으로 사용되기도 합니다. 추사 김정희가, 나중에 노벨평화상을 받게 되는 만델라가 오랫동안 섬에 갇혀 있었습니다.

고립된 섬은 은유적으로 쓰이기도 합니다. 유배지의 탱자나무로 둘러싸인 위리안치, 유대인 게토, 팔레스타인의 이스라엘 장벽이 그러합니다. 담으로 둘러싸인 성이나 감옥이 그렇고, 사막 가운데의 오아시스, 도시 가운데의 상류층 주거지역, 또는 브라질의 빈민 지역인 파벨라가 그렇습니다. 농성장으로 사용되는 높은 굴뚝도 다른 사람이 접근하기 어려운 섬이 될 수 있습니다. 육지 안에 이주민의 섬, 외국 문화의 섬도 만들어집니다.

이와 반대로 때로 섬은 교류와 네트워크의 중심이 될 수도 있습니다. 섬나라라는 지리적 위치는 영국의 역사에 큰 영향을 미칩니다. 항해 시대에 일찍 외부 문물을 받아들여 산업화에 성공하고, 나아가 다른 지역으로 영역을 확장해 나갔습니다. 일본도 해양적 위치가 역사에 큰 영향을 미쳤습니다.

이제 섬은 해상 교통, 항공 교통, 다리, 해저 터널, 첨단 통신 시설 등의 등장으로 그 모습이 새롭게 바뀌고 있습니다. 섬은 다른 섬과 연결되고, 또 육지와 이어지기도 합니다. 여러 얼굴을 하는 섬은 끊임없이 그 모습을 바꾸어 나갑니다. 은유적인 섬들, 즉 베를린 장벽은 허물어졌지만, 팔레스타인과 미국 남부에는 높은 장벽이 계속 만들어지고 있습니다. 일부 국가는 정부나 자본이 인터넷 등 언론을 통제하고 있고, 지구적으로 빈부 차가 커지면서 빈민 지역이나 최상류층 주거지가 분리되는 경향이 있습니다.

편협하게 고립되거나, 반대로 다른 지역을 침략하여 식민지화하려는 협소한 섬은 이제 사라질 때입니다. 그 대신 자신의 독특한 삶의 모습을 유지하고 다른 지역과 소통하면서 평화와 공동의 번영을 만들어 가는 시대가 되었습니다. 그것은 주어진 지정학적 조건 속에서 우리가 어떻게 하느냐에 달려 있습니다.

전시장의 사진들에는 지리 교사들의 이런 생각과 내용들이 담겨 있습니다.

156 과거를 기억하는 죽산섬

김덕일, 2018년 9월 @전라남도 나주시

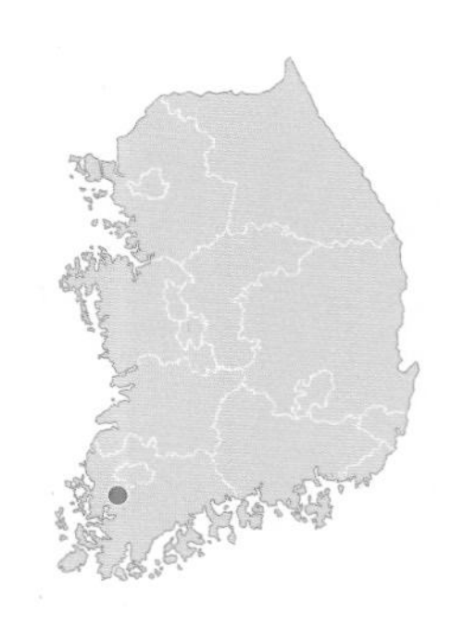

영산강은 하구둑이 완공되기 전에는 현재 나주대교가 있는 지역까지 바닷물과 강물이 섞이는 감조感潮 구간[1]이었다. 사진이 있는 지역은 영산강 감조 구간에 위치한 범람원이다. 범람원을 흐르는 하천은 유속이 느리기 때문에 조그만 장애물을 만나도 이를 피해 돌아서 흐르게 되고, 이로 인해 유로가 구불거리게 된다. 구불거리며 흐르던 하천은 가까운 유로끼리 다시 만나, 돌아 흐르는 중간을 떼어낸다. 이렇게 예전의 돌아 흐르던 부분이 남아 만들어진 호수를 우각호라고 하고, 우각호에 갇혀 새로이 생긴 섬을 하중도라고 한다. 위 지역은 영산강 범람원상의 구하도와 하중도이다. 다만 자연이 떼어낸 것이 아니고, 70년대 인위적인 직강 공사로 인해 섬 아닌 섬이 되었다. 이 섬의 지금 주소는 강 건너편과 같은 다시면 죽산리이다. 예전 하천을 경계로 행정구역을 나누었던 흔적으로 과거를 기억한다. 섬의 앞쪽 영산강에는 4대강 공사 때 만든 죽산보가 보인다.

1. 조석(바닷물)의 영향을 받는 하천의 하구나 하류부의 구간 또는 해당 하천

157 1004개 중 하나인 화도

김덕일, 2018년 7월 @전라남도 신안군

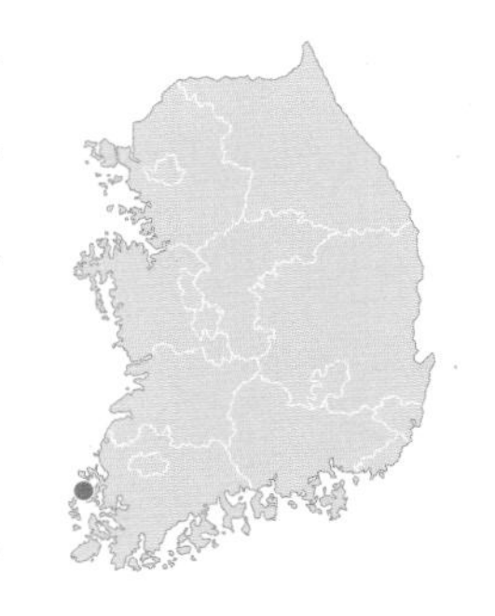

신안군 증도면 화도는 하루에 두 번은 섬으로, 두 번은 육지로 변한다. 갯벌을 가로질러 만들어진 노두길이 열리는 간조 때에만 드나들 수 있다. 천일염을 만들던 염전은 인건비 상승과 중국산 소금에 가격 경쟁력이 밀리면서 이제 새우 양식장으로 바뀌었다. 큰 볼거리가 없는 작은 섬이지만 노두길이 열리기를 기다리는 외지인들을 많이 볼 수 있다. 2007년 방영된 TV 드라마 '고맙습니다'의 촬영지로 알려지면서부터이다. 신안군 내를 다니다 보면 숫자 '1004'를 자주 볼 수 있다. 신안군에는 1,004개(유인도 72개, 무인도 932개)의 섬이 있어서 '천사의 섬'이라고 홍보를 하고 있는 것이다. 외지인은 섬의 조용함을 찾지만, 섬사람들은 외지인의 방문을 그리워하는 듯하다.

158 다시 육지가 된 섬, 계화도

유승상, 2018년 4월 @전라북도 부안군

계화도는 육지에 연결되기 전까지만 해도 사방이 잘 조망되는 서해상의 섬이었다. 계화 간척지는 1968년 계화 방조제가 완공된 후 섬(계화도)과 갯벌이었던 지역이 육지의 농토로 바뀐 곳이다. 계화도 간척 사업은 1965년 섬진강댐이 완공되어 발생한 2,700여 세대의 수몰민을 이주시킬 목적으로 시작되었다. 1968년 완공 당시 광복 후에 조성된 최대의 간척지로, 식량 증산에도 큰 기여를 하였다. 계화도 서쪽 멀리 새만금방조제가 건설되면서 계화도는 한층 더 육지 한가운데에 위치하게 되었다. 계화도는 이제 그 이름에서만 섬의 흔적을 찾아볼 수 있게 되었다.

159 급격한 성장통을 앓는 선유도

유승상, 2018년 7월 @전라북도 군산시

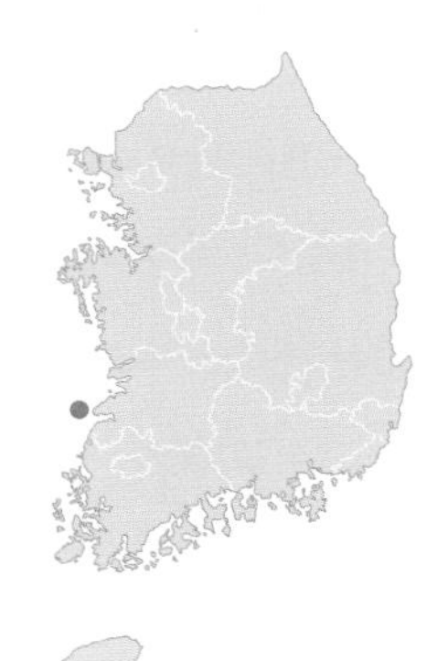

선유도를 포함한 고군산군도가 새만금방조제를 통해 육지와 연결되었다. 고려시대에 수군 진영을 두고 군산진이라 불렀으며, 조선시대에 육지 진포로 수군 진영을 옮기면서 지명까지 가져가 고古군산이 되었다. 서해의 어업과 군사적 요충지였던 고군산은 예전에는 군산에서 배를 타고도 한참을 가야 했던 곳이었지만, 이제 방조제를 따라 수백 대의 차가 드나드는 관광지가 되었다. 여름 성수기와 주말이 되면 교통체증으로 인해 섬 전체가 마비된다. 신선이 산다는 섬 선유도仙遊島가 개발과 환경 훼손으로 인해 몸살을 앓고 있다. 지속 가능한 개발보다는 이익에만 몰두하는 섬으로 변할까 걱정이다.

160 따끈따끈한 화산섬, 헤이마에이

이대진, 2016년 6월 @아이슬란드 헤이마에이섬

아이슬란드 본섬의 남서쪽 해안에서 10여 km 떨어진 곳에는 1973년에 분화한 엘드펠Eldfell 화산을 품은 헤이마에이Heimaey섬이 있다. 아이슬란드 영화 '볼케이노'의 배경이 되었던 장소이다. 영화 속 주인공 하네스는 화산이 폭발하는 바람에 섬을 떠나 본토에서 살 수 밖에 없었지만, 은퇴 후 다시 섬을 찾아 아내와 함께 어부의 생활을 이어간다. 붉은색의 화산 분출물이 쌓여 있는 엘드펠 화산의 정상부에서는 지금도 여전히 열기가 뿜어져 나오고 있다. 언제 또다시 마그마를 뿜어 낼지 모를 위험을 품고 있지만, 많은 사람들이 헤이마에이섬과 엘드펠을 함께 보기 위해 오르고 있다. 1973년에 분화했을 때 화산 분출물이 마을을 덮쳐 일부 가옥을 불태우고 5,000여 명의 주민들은 긴급히 대피해야만 했다. 하지만 폭발 이후 대피했던 마을 주민들은 다시 이곳으로 돌아와 살고 있다. 그 넓은 본토로 나가지 않고 화산의 아픔이 있던 이 섬에 다시 정착하는 것이 영화 볼케이노의 주인공 하네스를 연상하게 한다.

161 굴곡을 겪은 섬, 굴업도

강문근, 2010년 8월 @인천광역시 옹진군

굴업도에 가려면 인천항을 출발한 후 덕적도에서 다시 배를 갈아타야 한다. 덕적도에서 출발한 배는 하루에 두 차례 문갑도, 굴업도, 백야도, 울도, 지도를 순서대로 돈다(한 번은 역순). 직선 거리는 인천항에서 약 60km이지만 시간이 꽤 걸려 고도孤島처럼 느껴진다. 굴업도는 과거에 민어 파시가 열려 불야성을 이루던 곳으로, 한때 핵폐기장 후보지로 사회적 논란이 불붙기도 했으며, 대기업의 골프장 건설 계획을 시민단체가 무산시키는 등 큰 굴곡을 겪은 곳이다. 현재 우리나라 유인도 가운데 원형이 가장 잘 보존된 섬으로 손꼽히며, 매, 먹구렁이, 황새, 황조롱이 등 멸종 위기 야생동물과 천연기념물이 다수 서식하는 생태의 보고이다.

162 다양한 형태의 선착장

강문근, 2017년 7월 @전라남도 신안군

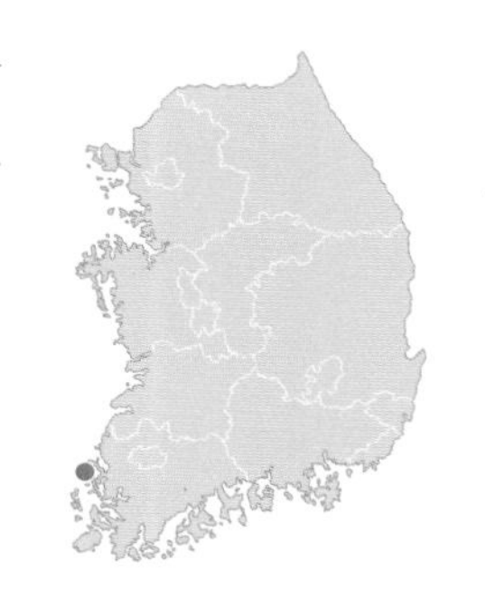

3면이 육지로 둘러싸인 우리나라의 서해는 평균 수심이 45m 정도의 얕은 바다로 조석 간만의 차가 매우 크다. 빙기 시절 대부분 육지였던 곳이 이후 해수면 상승으로 물에 잠기며 많은 섬을 만들었고, 이 섬은 사람들의 삶터가 되었다. 하지만 얕은 수심과 큰 조석 간만의 차이는 섬을 드나드는 배를 접안시키기에 불리한 조건이다. 사람들은 이러한 불리한 조건을 극복하며 육지에 배를 닿게 한다. 사진의 제일 위쪽에 뜬다리 부두가 보인다. 육지에 고정되어 설치되는 부두와는 달리 뜬다리 부두는 물 위에 떠 있는 구조물의 형태로 만들어진다. 부두 자체가 수면 위에 떠 있기 때문에 바닷물의 높이가 변하더라도 문제 없이 배가 접안할 수 있다. 중간에는 계단이 보인다. 작은 배들은 이런 계단을 이용하면 편리하다. 그리고 제일 앞쪽에 있는 경사면도 부두로 이용한다. 차량을 이용하거나 배에 무거운 짐을 싣고 내릴 수 있는 장점이 있다. 이렇게 사람들은 자연환경에 적응해 간다.

163 과거와 현재, 그리고 미래가 공존하는 환상의 섬

김민숙, 2016년 1월 @호주 퀸즐랜드주

호주 북동부 해안에는 약 2,000km에 걸쳐 그림 같은 절경의 산호초군이 분포하고 있다. 산호초는 수심이 얕은 대륙붕의 따뜻한 수역에서 성장하는 산호의 군락지로서, 해안과 나란히 형성되어 있는 경우를 보초라고 하는데, 호주 북동부 해안에 대규모로 분포하는 보초를 대보초 great barrier reef라고 한다. 대보초는 지구의 역사와 함께하는 가장 큰 생물학적 실체로, 자연지리적인 가치가 남다르다. 이러한 산호초의 생물 다양성을 인정받아 1981년에 유네스코 세계자연유산으로 지정되었다. 최근에는 수질 오염과 같은 환경 문제와 해양의 온난화로 산호 백화 현상이 심각해지고 있다. 자연의 신비로움 못지않게 보존의 필요성을 인지하게 하는, 과거와 현재가 공존하는 경이로운 섬들이다.

164 필리핀 세부의 올랑고섬

이태우, 2017년 8월 @필리핀 세부

필리핀은 7,100여 개의 섬으로 이루어진 나라이다. 환태평양 조산대에 속하기 때문에 지진과 화산 활동이 활발하다. 그런데 사진 속의 올랑고섬은 화산 활동으로 만들어졌다고 하기엔 너무나 평평하다. 화산 분화와 관련된 지형을 찾기도 어렵다. 올랑고섬은 바다 속의 산호가 자라나 켜켜이 쌓이면서 만들어진 것이다. 산호는 수온 변화에 민감하다. 최근에는 지구 온난화로 수온이 상승하며 백화현상으로 고사할 위기에 처해 있다. 올랑고섬은 필리핀에서도 손꼽히는 스노클링, 스쿠버다이빙 명소이며, 맹그로브 숲과 철새 도래지 등으로 인해 야생동물 보호구역으로 지정되어 있기도 하다. 1994년 필리핀 최초의 람사르 습지보호구역으로 지정되어 있지만, 우리가 배출한 온실가스가 저 멀리 산호섬의 생태계와 지역 경제를 지켜 주지는 못할 듯하다.

165 평화가 기대되는 백령도와 장산곶

김하늘, 2018년 9월 @인천광역시 옹진군

30분 거리에 육지가 있지만, 70여 년의 기간 동안 백령도는 낙도 아닌 낙도가 되어 버렸다. 우리 민족의 아픔으로 인해 백령도가 어쩔 수 없이 낙도가 되고, 푸른 인당수 건너편 장산곶 역시 육지의 특성을 잃고 고립되어 버렸다. 백령도에서 바라보는 육지는 과연 진정한 육지일까. 바다 건너 바로 눈앞이지만 갈 수 없는 저곳은 육지가 아니라 단절되고 고립된 미지의 섬이 아닐까 생각했다. 그러나 미지의 섬에도 변화가 찾아오는 것 같다. 섬에 다리가 놓이면 변화가 찾아오듯, 서서히 시작된 남북한의 소통과 교류는 저 곳이 섬이 아니라 우리와 연결된 육지였다는 것을 알게 해 준다. 포문을 닫고 바다 건너의 사람들과 함께 물고기를 잡는 그런 날이 실현되기를 바란다. 더 이상 섬이 아니길 ….

166 화산 박물관, 비양도

박병석, 2006년 10월 @제주특별자치도 제주시

비양도가 세상에 알려지기 시작한 것은 2005년 SBS 드라마 '봄날'의 촬영지로 소개되면서부터였다. 지금도 이 섬에는 당시 촬영지였던 비양보건진료소가 그대로 남아 있다. 최근 '봄날'의 이름을 딴 펜션과 식당, 그리고 예쁜 카페들도 여러 개 생겼다. 비양봉의 화산체, 섬 주위에서 발견되는 화산탄, 용암기종(hornito, 천연기념물 439호) 등 야외 화산 박물관을 관람하는 것과 같은 느낌을 주기 때문에 비양도를 '살아 있는 화산 박물관'이라고 한다. 『신증동국여지승람』에는 1002년(목종 5)에 화산이 폭발했다는 기록이 있으며, 최초로는 27,000년 전에 분출한 화산체이다. 비양봉 오름은 정상에 크고 작은 2개의 분화구가 있는, 소위 '쌍둥이 분화구 twin crater'이다. 작은 분화구인 '작은 암메'의 바닥에는 군락을 이루는 나무가 있는데, 비양도에서만 자라는 나무라서 원산지의 이름을 따 '비양나무'라고 부른다.

167 울릉도의 관문, 도동항

임병조, 2013년 8월 @경상북도 울릉군

'골목에서 공놀이를 하다가 자칫 공을 놓치면 바다까지 내려가서 공을 찾아와야 한다.' 과장이 섞였지만 종상鐘狀화산 울릉도에서는 있을 수도 있는 일이다. 평지가 거의 없는 울릉도에서는 분화구인 나리분지를 제외하면 마을 대부분이 경사면에 자리를 잡고 있다. 울릉도의 중심지인 도동리도 급경사의 좁은 골짜기에 자리를 잡고 있다. 도동리는 울릉도의 입구라 할 수 있는 도동항을 배경으로 발달한 마을로, 울릉도에서 가장 인구가 많은 지역이었다. 좁고 깊은 만이 항구 발달에 유리하여 울릉도의 행정적, 경제적 중심지가 되었다. 선박이 많아지고 대형화하면서 저동, 사동 등으로 항구 기능이 분산되고 있지만 도동리는 여전히 울릉도에서 가장 큰 중심지이다. 땅은 좁은데 사람은 많다 보니 집들이 다닥다닥 붙어 있고 골목길도 좁다. 자동차가 늘어나면서 교통 체증도 자주 일어난다. 하지만 성인봉에 오르는 등산로에서 바라본 도동은 참으로 평화로우며, 안온한 보금자리에서 고기잡이배가 바다로 나아가고 있는 모습을 볼 수 있다.

168 사진작가들이 좋아하는 붕어섬

박병석, 2016년 7월 @전라북도 임실군

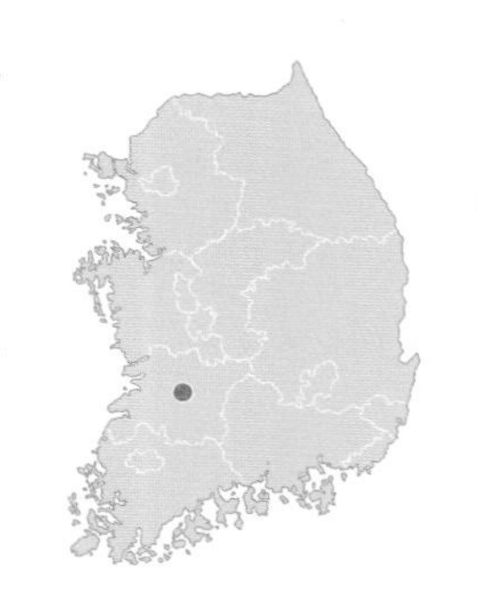

정읍과 임실에 걸쳐 있는 옥정호의 붕어섬은 사진작가들의 촬영지로 유명하다. 한국관광공사는 옥정호의 호반도로를 '한국의 아름다운 길 100선'에 선정한 바 있다. 옥정호는 섬진강에 다목적댐을 만들면서 생겨났다. 이 지역에 농업용수와 생활용수를 공급하면서 전력도 생산하고 홍수도 조절한다. 섬진강댐은 남해로 흘러갈 물을 서해로 가는 동진강으로 흘려보낸다. 이러한 방식을 유역변경식이라고 한다. 이렇게 해서 동진강 하류 호남평야에 농업용수를 공급하는데, 그 면적은 17,890정보, 계화도 간척지 3,050정보, 부안 농지 확장 지구 5,000정보 등 4만 5,700정보나 되며, 연간 200만 석의 식량을 증산하게 되었다. 농업용수뿐만 아니라 전주, 정읍, 김제 시민의 생활용수를 공급하는 상수원의 기능도 하고 있고, 홍수 조절량은 2,700만 톤이다.

169 사람이 들어갈 수 없는 섬, 유도

박병석, 2018년 7월 @경기도 김포시

남한과 북한과의 경계는 서해 NLL, 한강 중립 구역, 군사분계선, 동해 NLL로 설정되어 있다. 유도는 한강 중립 구역에 위치한 섬으로, 한강의 법적인 기준선이다. 이곳에는 멸종 위기종인 저어새와 민물가마우지, 청둥오리, 왜가리, 백로 등 수많은 새가 살고 있다. 그러나 이곳은 한국전쟁 이후 비무장지대 안에 있어서 군인도 들어갈 수 없다. 그래서 물 반 고기 반이라고 하는 이곳에서는 배를 한 척도 볼 수 없다. 선조들은 임진강과 한강의 합류점인 교하에서부터 예성강을 지나 교동도 북쪽까지를 조강祖江(할아버지강)이라고 불렀는데, 김포와 강화도 사이에 있는 염하까지도 조강의 일부인 하천으로 인식했다. 하지만 지금은 유도를 기준으로 내륙은 한강, 황해 쪽은 바다로 규정한다. 1996년 홍수 때 북한에서 유도에 떠내려온 황소를 구출했던 뉴스만이 이곳의 존재를 알려 준다.

170 금강의 이름없는 섬

임병조, 2018년 11월 @전라북도 익산시

금강 하류에 있는 이름 없는 섬이다. 크기도 작고, 만들어진 지 오래되지 않아서 이름을 얻지 못했다. 이곳은 금강이 U자형으로 크게 곡류하는 곳으로, 사진의 앞쪽은 U자의 아래쪽, 즉 공격사면이고 섬의 뒤쪽은 퇴적사면이다. 공격사면은 물살이 빨라 침식으로 바위가 노출되어 있는 반면, 강 건너편인 충남 부여군 세도면 일대는 물살이 느려서 고운 흙이 쌓여 있는 곳이 많다. 섬은 물살이 느린 퇴적사면 쪽으로 치우쳐서 발달하고 있는데, 퇴적사면과 같은 원인으로 만들어진 섬임을 알 수 있다. 구불구불 흐르던 하천이 갈라지면서 만들어지는 전형적인 하중도河中島와는 다르다. 자갈, 모래, 진흙 등 강물이 끌어다 놓은 물질들로 이루어져 있어서 태생적으로 불안정한 지형이지만, 나무와 풀이 자라면서 비교적 안정된 상태로 발전하였다. 큰 홍수가 나면 물에 잠기기도 하지만 상대적으로 물살이 약한 곳에 있고, 또 식생이 침식을 방어해 주기 때문에 쉽게 사라지지는 않을 것이다.

171 렌터카를 제한하는 섬, 우도

한준호, 2015년 2월 @제주특별자치도 제주시

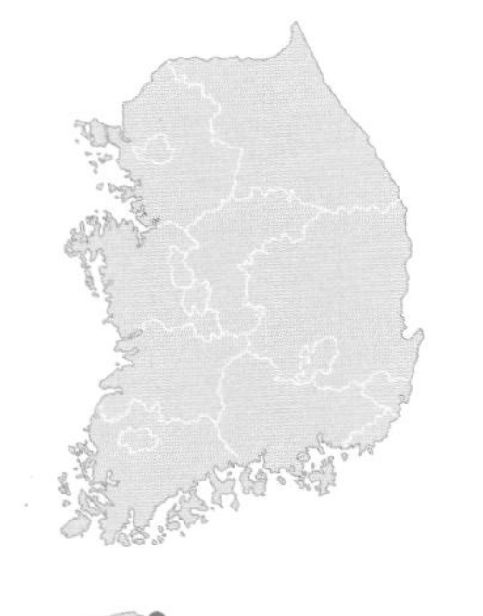

제주도 성산포항에서 우도로 향하는 카페리에 많은 차량이 실려 있다. '섬 속의 섬'으로 불리는 우도는 면적이 약 6km^2 밖에 안되지만, 홍조단괴해변, 검멀레동굴 등의 매력적인 장소가 밀집되어 있어서 제주도를 방문하는 관광객들에겐 필수 코스가 되었다. 하지만 유명세로 인해 급증하는 관광객에 비하면 섬의 수용력이 너무 취약해서, 우도는 오버투어리즘overtourism으로 몸살을 앓고 있다. 주민과 관광객의 지속 가능한 공존을 위해 2017년 여름부터는 외부 렌터카의 반입을 1년간 한시적으로 제한하는 정책이 시행되었다. 이 정책은 2019년 여름에도 시행되었고, 현재는 2022년까지 연장된 상태이다. 위 사진처럼 카페리에 차량이 가득 실려 있는 모습은 점점 우도에 어울리지 않은 경관이 되고 있다.

172 하늘에서 본 제부도

최종현, 2018년 1월 @경기도 화성시

비행기를 타면 최대한 창가 자리에 앉으려고 노력한다. 비행기가 이륙한 후, 그리고 착륙하기 전에 창밖의 풍경을 보기 위해서이다. 이때에도 창밖에 익숙한 섬이 보여 카메라 셔터를 눌렀다. 화성시의 제부도이다. 썰물 때인지 육지에서 제부도로 들어가는 포장도로가 보인다. 제부도의 이 포장도로는 밀물 때 잠기고, 썰물 때 드러난다. 따라서 제부도에 들어가려면 물때 시간표를 잘 확인해야 한다. 또, 제부도에 들어간 이후에는 나올 수 있는 시간이 정해져 있음을 잊지 말자. 행여나 넌지시 썸남 또는 썸녀와 함께 섬에서 못 나오는 상황을 연출하고자 하는 독자가 있다면 옛날 드라마나 영화를 너무 많이 보신 분이 아닐지 ….

173 블레드 호수와 블레드섬, 그리고 마리아 승천 성당

서정현, 2017년 1월 @슬로베니아 블레드

유럽을 대표하는 알프스산맥이 지나는 국가로는 프랑스, 이탈리아, 스위스 정도가 떠오른다. 그런데 알프스산맥은 동유럽의 슬로베니아까지도 이어져 있다. 슬로베니아 여행에서 최고의 장소로 손꼽히는 블레드Bled는 '줄리앙 알프스의 진주'라고 불릴 정도로 맑고 깨끗한 호수로 유명하다. 블레드 호수는 알프스 산맥의 만년설과 빙하가 만들어 낸 빙하호湖로, 주변의 높은 산맥들이 병풍처럼 둘러싸고 있어서 절경을 이루는 곳이다. 호수 가운데에 있는 블레드섬에 들어가기 위해서는 '플레트나'라는 전통 나룻배를 타고 들어가야 한다. 이 섬에 있는 '마리아 승천 성당'에서 바라보는 호수의 경치가 아름다워 슬로베니아에서는 마리아 승천 성당이 최고의 결혼 장소로 손꼽힌다. 빙하호와 그 주변의 절경, 호수가 품은 작은 섬이 어우러져 이 성당을 더욱 성스럽고 신비롭게 만드는 듯하다.

174 인공 섬, 마산 해양신도시

이정수, 2018년 9월 @경상남도 창원시

마산 해양신도시 건설 사업은 국책사업인 마산항 개발 사업에 따른 항로 준설 토사를 이용하여 서항지구와 가포지구의 공유 수면을 메워 도시 용지로 개발하는 사업이다. 사진에 보이는 섬은 서항지구(면적 약 642,000m²)로, 해양 한가운데에서 2개의 다리로 육지와 연결된 4면이 바다인 장소이다. 창원시는 마산 해양신도시를 세계적인 최첨단 스마트 도시 테스트베드로 조성하여 창원시의 랜드마크로 만들 계획이다.

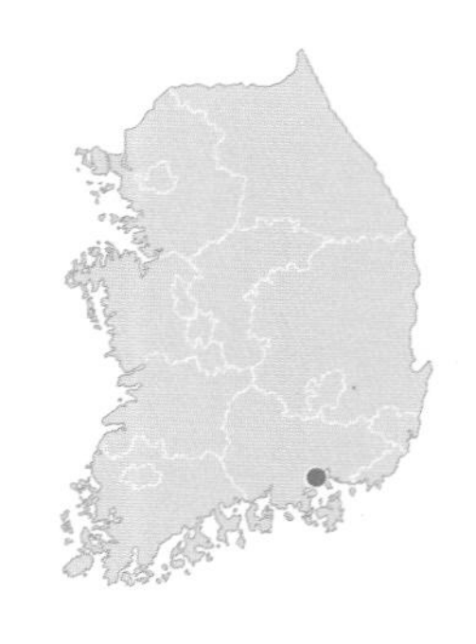

175 한국의 나폴리, 통영 다도해

이태우, 2013년 7월 @경상남도 통영시

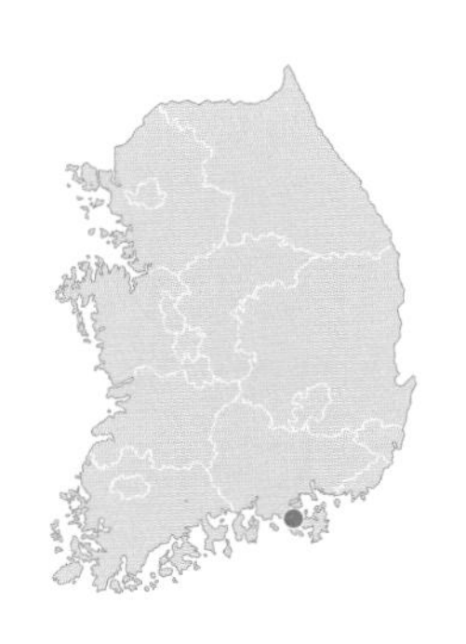

리아스식 해안은 거센 파도를 막아 주어 훌륭한 항구가 입지하는데, 통영도 그런 이유로 임진왜란 때 삼도수군통제영이 세워졌기에 통영이라는 이름을 얻었다. 동양의 나폴리라 불리는 아름다운 통영시는 고성반도 끝자락과 미륵도의 북단에 시가지가 발달되었다. 미륵도 정상까지 케이블카로 쉽게 접근이 가능하며, 이 케이블카의 성공은 각 지역 케이블카 건설 붐을 이끌었다. 전망대는 통영 지역의 리아스식 해안을 관찰하기에 좋은 장소이다.

176 목마장이었던 부산 영도

최종현, 2018년 1월 @부산광역시 영도구

396m의 봉래산이 솟아 있는 부산 영도는 조선시대에는 말을 키우던 섬이다. 원래는 절영도絶影島라는 이름으로 불리었는데 이는 그림자가 끊어진 섬이란 뜻이다. 말이 달리는 속도가 빨라 그림자가 보이지 않을 정도라 하여 붙여진 이름이라는 설이 있다. 후에 절영도에서 '절絶'자가 떨어져 나가 지금의 영도가 되었다. 영도와 이어지는 부산대교는 6·25 전쟁 때 피난민들의 만남의 장소로 유명했던 영도대교 옆에 건설되었으며, 부산항 발전의 상징물 중 하나로 여겨지고 있다. 부산 중구의 ○○백화점 옥상 공원에 가면 부산항과 부산대교, 영도대교 등 부산의 발전상을 한눈에 볼 수 있다.

177 몰디브 리조트 산업의 이면, 쓰레기 섬

박상길, 2015년 1월 @몰디브 틸라푸시섬

산호초가 만들어 놓은 몰디브는 해발 고도가 최고 2m 밖에 안 된다. 둥근 모양의 산호초인 환초를 의미하는 영어 단어 'atoll'도 몰디브 말이 어원이다. 맑은 바닷물과 새하얀 모래로 주목받으며 일찍부터 리조트 산업이 발달하였고, 우리나라에서도 신혼여행을 많이 간다. 하지만 허영심 가득한 여행객들이 쏟아 내는 엄청난 양의 쓰레기는 틸라푸시섬의 석호에 무작정 매립되고 있다.

178 소금으로 둘러싸인 물고기섬과 선인장

박상길, 2011년 1월 @볼리비아 우유니

볼리비아 남부 안데스산맥 위 알티플라노 고원에는 관광지로 유명한 우유니Uyuni 소금사막이 있다. 증발되고 남은 소금사막 한가운데에는 몇 개의 섬이 있는데 그중에서 가장 유명한 곳이 물고기섬Isla del Pescado이다. 물고기섬에서는 키가 10m에 달하는 카르돈 선인장이 자라는데, 볼리비아를 비롯해 아르헨티나, 칠레 등 아타카마 사막의 고유종이다. 나무가 없는 이곳에서 말린 선인장은 아주 중요한 건축 재료가 된다. 인근 마을에 있는 집이나 성당 등의 문, 기둥, 난간 등은 일반 나무로 만든 것 같아 저 나무를 어디서 구했냐고 하니 현지인은 선인장으로 만든 것이라고 한다.

179 어부와 해녀의 안전과 풍어를 기원하는 할망당

박병석, 2013년 2월 @제주특별자치도 서귀포시

가파도는 둘레가 4km 남짓 되는 섬으로 무인도였으나 조선 영조 때(1751년) 검은 소를 방목하는 목장을 설치하면서 많은 사람이 들어와 살았다. 가파도에는 신앙 관련 시설로 제단과 당이 있다. 제단은 남자들이 주도하며, 마을의 안녕과 풍요를 비는 축제 성격의 제사가 치러지는 곳이다. 반면에 당은 여자들이 주도하여 어부와 해녀의 안전과 풍어를 기원하는 곳이다. 가파도 주민들은 당을 '할망당'이라고 부른다. 바다에 깊이 기대어 사는 만큼 할망당은 가파도 사람들에게 매우 소중한 공간이다. 가파도는 최고봉이 약 20m로 구릉이 거의 없이 평탄하며, 해안은 대부분 암석 해안이다. 토양은 현무암질이지만 땅이 매우 평평한데다 겨울이 따뜻해 밭농사에 좋은 환경으로 특히 청보리 재배 면적이 넓다. 봄철에는 유난히 높이 자란 청보리가 약한 바람에도 일렁거리며 관광객들의 시선을 끈다. 그 외에 낚시터를 비롯하여 식당, 숙박업소 등이 갖추어져 있다. 해안선을 따라 자전거 도로와 올레길이 나 있어서 섬 어디에서나 바다를 볼 수 있다.

180 가을 아침마다 섬을 볼 수 있는 영월

정의목, 2018년 11월 @강원도 영월군

봉래산은 영월에서 별이 가장 잘 보인다는 별마로천문대가 자리 잡고 있고, 영월 시내를 가장 잘 조망할 수 있는 곳이다. 봉래산에서 내려다보면 동강과 서강의 아름다운 모습뿐만 아니라 두 강이 합류하여 남한강이 되어 흘러가는 모습을 볼 수 있고, 영월의 침식 분지 지형도 볼 수 있다. 또 가을에는 거의 매일 아침 안개가 생기면서 운무의 바다, 즉 운해雲海를 만들어 장관을 연출한다. 내륙에 위치한 영월이지만 가을 아침 일출 때에는 산 정상이 운해 속에서 섬처럼 떠오르는 장관을 매일 볼 수 있다.

181 섬 같은 와카치나 오아시스

민석규, 2017년 12월 @페루 이카

와카치나 오아시스는 페루의 해안 사막인 이카사막에 자리한 오아시스로, 사방이 사구로 둘러싸여 있다. 모래 바다인 사막에서는 와카치나 오아시스처럼 물이 있는 곳이 섬이고, 물이 없는 곳이 바다가 아닐까? 경관이 아름다운 와카치나 오아시스는 페루의 50솔짜리 화폐에도 그려져 있을 정도로 페루인들의 사랑을 받고 있다. 해가 넘어가고 어둠이 내리는 시점이라 오아시스 마을에 조명이 켜졌다.

182 길에 있는 섬, 교통섬

김석용, 2018년 11월 @경기도 안산시

차량이 가야 할 노선에서 이탈하지 않도록 도로의 한가운데나 교차로에 특수한 모양으로 만들어 차도에 둘러싸인 구조물을 교통섬traffic island이라고 한다. 사거리에서 우회전 차로를 분리하고 그 사이에 사람들이 횡단보도를 건너기 위해 대기할 수 있는 공간 또한 교통섬이다. 사진은 회전교차로인데 차량이 회전하도록 유도하기 위해 가운데 교통섬을 만들어 두었다. 회전교차로는 신호 대기 시간을 줄일 수 있다는 장점이 있어 전국에 보편화되고 있다.

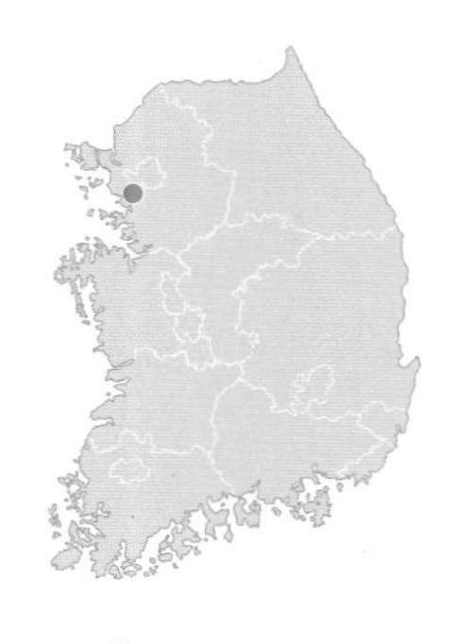

183 하늘에도 섬이 있다. 누군가의 426일

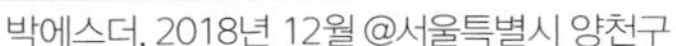
박에스더, 2018년 12월 @서울특별시 양천구

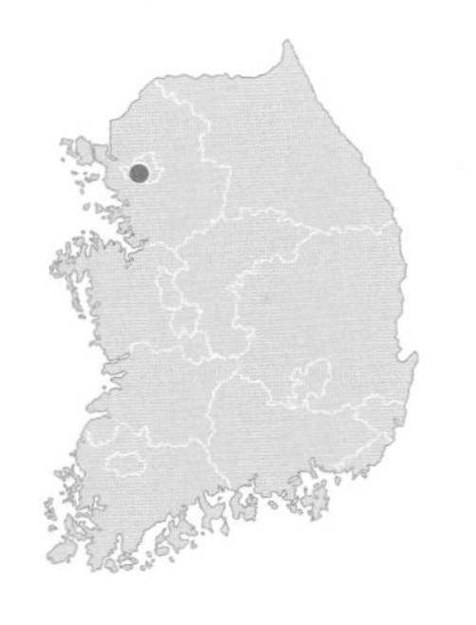

파인텍 근로자의 고공 농성이 세계 최장 기간을 넘어선 날. 하늘로 시선을 돌리지 않으면, 뉴스에 나오는 장소가 매일 스치는 곳임을 노력해서 알지 않으면, 아무도 저 높은 굴뚝에 사람이 살고 있음을 모른다. 그곳에서도 4계절은 흐르고 있으며, 누군가는 생명을 걸고 목소리를 높인다. 같은 공간에 살고 있지만, 그곳과 나 사이에는 보이지 않는 바다가 있다. 저 높은 하늘에도 섬이 있구나. 자세히 보아야만 보이는 외로운 섬이 …. 하늘 높이 솟은 연기 기둥 사이에 불이 꺼진 외로운 섬에서, 애끓는 마음으로 외치는 그들의 목소리가 내가 사는 이곳에 닿을 수 있을까?[2]

---

2. 파인텍 근로자의 고공 농성이 세계 최장 기간을 넘어선 날, 안타까운 마음에 촬영했던 사진. 그리고 2019년 1월 11일. 오늘 무사히 협상이 타결된 것에 감사하며…. 우리 사회 곳곳에 보이지 않는 섬이 많음을, 노력해서 보지 않으면 나 역시 그 섬을 고립시키는 바다가 되어 버린다는 사실을 잊지 않아야겠다.

184 어디를 가도 만나는 하얀 구멍

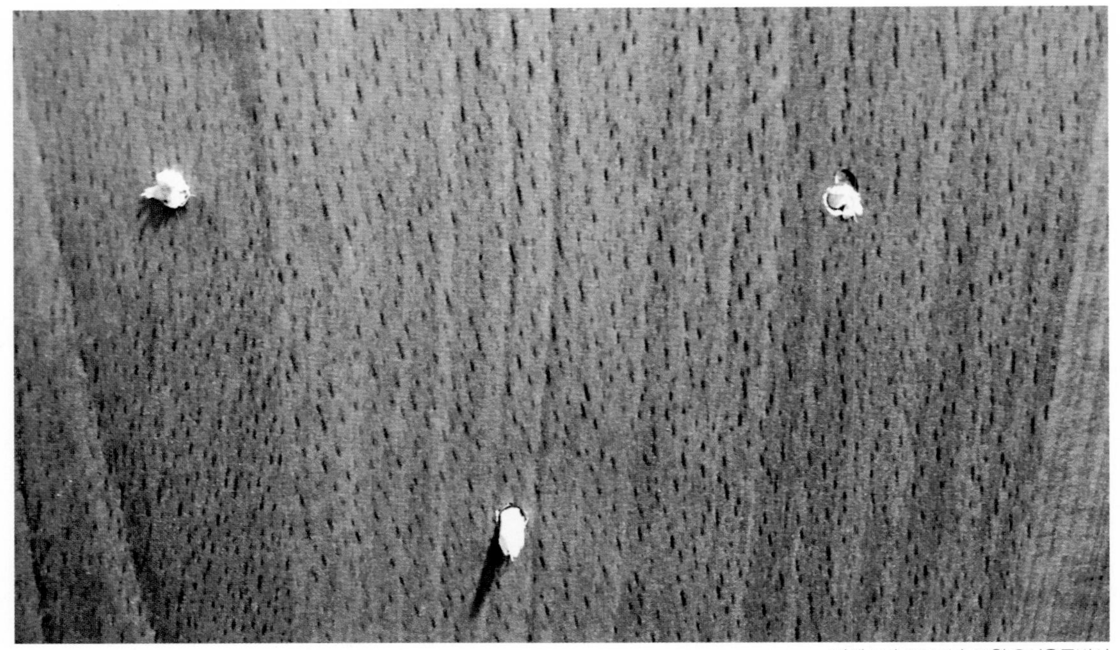

박에스더, 2018년 12월 @서울특별시

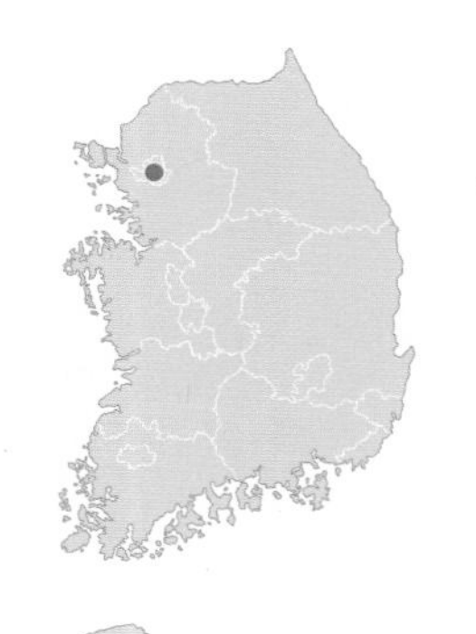

여자라면 누구나 어디를 가도 만나는 하얀 구멍. 불법촬영에 대한 공포는 마음 편히 화장실에 가서 용변을 볼 수 있는 기본적인 권리마저 훔쳐 간다. 백화점부터, 지하철역 화장실까지 어딜 가도 여자 화장실에는 대여섯 개부터 수십 개에 이르는 크고 작은 구멍을 누군가 최선을 다해 막아 놓은 하얀 휴지 뭉치가 있다. 나보다 앞서 그 구멍을 발견하고 정성을 다해 휴지로 막아 놓은 누군가의 배려(?)에 고마움을 느끼면서도, 어딘가에 또 구멍이 있지 않을까 두리번거리며 용변을 봐야 하는, 화장실조차도 편한 곳이 될 수 없는, 이 불신 사회. 학교라고 안전한 곳일까? 우리에게는 가장 안전하리라 생각되는 학교 화장실에서조차도 섬이 된다. 우리를 둘러싸고 있는 공포의 바다. 그 바다와 섬을 연결하는 다리라고는 누군가 최선을 다해 막아 놓은 휴지 한 뭉치뿐. '설마, 여기에도 몰카를 설치했을까?'라고 생각하면서도 어디 또다른 구멍은 없는지 최선을 다해 주변을 살피는 나. 이 공포의 바다를 탈출하려면 어떻게 해야 할까?

#화장실에서는_제발_볼일만_보고 싶다.

185 전쟁이 나면 섬이 되었던 성

김덕일, 2018년 12월 @전라남도 강진군

병영성兵營城은 전남 강진군 병영면에 있는 읍성이다. 병영은 조선시대에 병마절도사가 주둔했던 관청으로, 지금으로 치면 각 지역을 방어하는 육군 본부라 할 수 있다. 관찰사가 병마절도사를 겸임했던 황해도, 경기도, 강원도는 각각 해주, 한성, 원주에 감영[3]과 병영이 병행되어 설치되었다. 하지만 전임專任의 병마절도사가 있던 충청도와 전라도는 감영과 별개로 각각 해미와 강진에 병영이 설치되었다. 외적의 침입이 많았던 함경도와 경상도에는 두 곳에 병영을 두었다. 강진 병영은 『하멜 표류기』로 유명한 하멜이 8년간 머물렀던 곳이다. 전쟁이 나면 성은 섬이 되기도 한다.

3. 조선시대 각 도의 관찰사가 거처하는 관청

186 일상에서의 섬

김덕일, 2018년 4월 @전라북도 고창군

죽음을 다루는 방식이 매장에서 화장, 수목장 등으로 다양해지고 있지만 죽음의 공간에 대한 태도는 크게 변하지 않았다. 특히 우리나라 도시 공간에서는 죽은 자를 위한 공간을 거의 찾기 힘들다. 위 사진은 붉은 황토밭 가운데 죽은 자의 공간이 마련된 모습이다. 마치 안식처(묘지)가 섬처럼 보이지만 죽은 자의 공간을 삶의 공간에서 밀어내기보다는 삶의 공간 중 일부로 끌어들여 조화를 이룬다. 전북 고창에 있는 저 붉은 황토밭은 침식을 받아 남아 있는 구릉지로, 백복령이라는 한약재를 재배하고 있다.

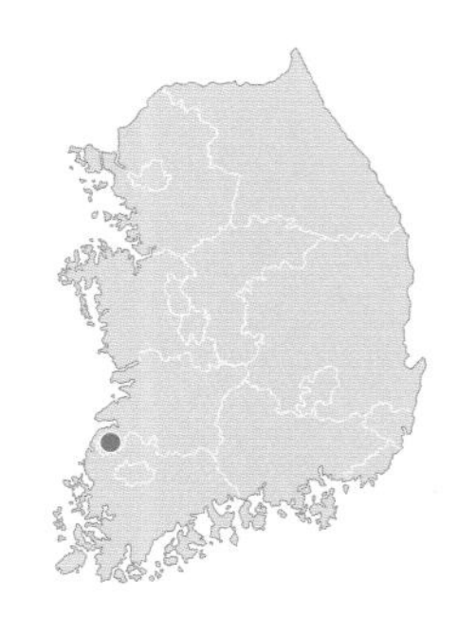

187 삼포와 안식처

김덕일, 2018년 8월 @전라북도 고창군

경작지에 한 작물만을 연속으로 경작하면 지력이 약해진다. 그래서 끊임없이 화학비료를 사용해야 했다. 인삼은 5~6년 동안 한 곳에서 경작해야 하기에 지력 소모가 큰 작물이다. 따라서 한번 경작한 밭에서는 토양을 바꾸지 않는 한 두 번 다시 경작하기 힘들다. 그리고 햇볕을 싫어하는 특성상 볏짚이나 검은 비닐로 차양막을 치기에 섬처럼 두드러진 경관을 연출한다. 지력 회복을 위해 오른쪽 경작지는 휴식을 취하고 있다. 이것이 일종의 삼포식三圃式 농법이다. 인삼밭(삼포) 사이로 보이는 안식처(묘)는 일상에 존재하는 섬이 되었다.

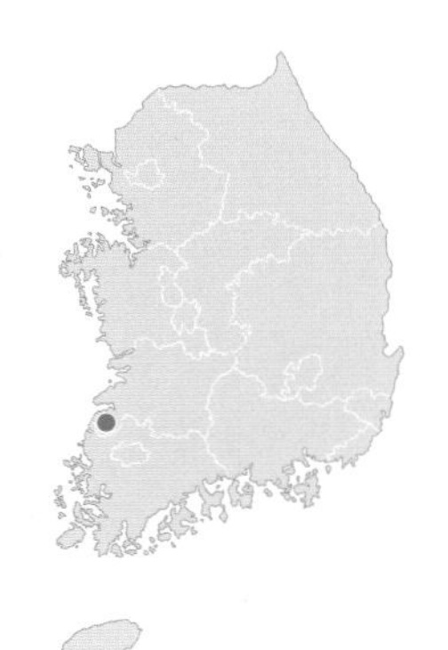

188 탄탈루스 언덕에서 본 호놀룰루

최종현, 2018년 8월 @미국 하와이주

하와이 탄탈루스 언덕에서 본 호놀룰루의 전경. 호놀룰루는 하와이의 주도州都이며, 오아후섬에 위치한다. 멀리 왼쪽에는 화산 폭발로 형성된 분화구인 다이아몬드 헤드가 보인다. 그리고 오른쪽에는 와이키키 해변 주변에 세워진 호텔과 빌딩이 보인다. 탄탈루스 언덕은 하와이에서 유명한 야경 촬영 장소 중 하나이다. 전망대에서 아름다운 경관을 즐길 수 있으며, 전망대 가는 길에 잠시 차를 세우고 경관을 바라보는 것도 좋다. 야경 촬영 장소로 유명하지만 저녁 6시 30분이 되면 관리하는 분이 서둘러 전망대 입구를 잠근다. 사진을 마구 찍다가 아쉬운 마음을 뒤로 한 채 쫓겨나듯, 아니 쫓겨났다. 장소가 외져서 너무 늦은 밤에는 조금 무섭다.

189 해자로 둘러싸인 섬, 오사카성

최종현, 2017년 12월 @일본 오사카

16세기 도요토미 히데요시가 일본 전국시대를 통일하고 지은 오사카성. 소실과 재건의 역사를 거쳐 현재 모습에 이르렀으며 유네스코 세계문화유산으로 등재되었다. 오사카성은 해자垓字로 둘러싸여 섬처럼 된 성城이다. 해자는 성 밖을 둘러 파서 만든 연못으로, 성의 방어 기능을 높이는 역할을 한다. 오사카성에는 외성外城뿐만 아니라 내성內城에도 해자가 있으며, 해자의 폭이 가장 넓은 곳은 그 길이가 약 70m 정도이다. 우리나라 성에서는 이처럼 깊고 넓은 해자를 보기 어렵다. 우리나라는 주로 산성山城을 중심으로 한 방어 체계로, 해자의 필요성이 크지 않았다. 또한 평지에 성이 있는 경우에는 자연적으로 흐르는 강과 하천을 천연 해자로 활용하였다.

190 섬 같은 육지, 김포반도

김석용, 2019년 1월 @인천광역시 서구

2011년 10월, 경인아라뱃길이 완공되면서 김포시가 대부분인 김포반도도 섬처럼 되었다. 즉 김포를 가려면 운하를 가로지르는 다리를 건너야만 한다. 왼편에 보이는 구릉지가 김포반도의 끝에 있는 문수산까지 이어지는 한남정맥이었으나 아라뱃길로 인해 그 산줄기가 끊기면서 김포반도는 섬 같은 육지가 되었다.

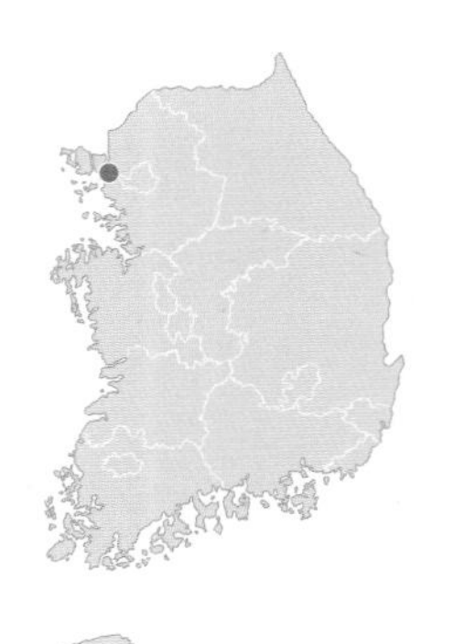

191 육계사주에 발달한 하코다테의 야경

이대진, 2017년 1월 @일본 하코다테

하코다테는 홋카이도의 도시 중 혼슈와 가장 가까이 있는 곳이다. 하코다테는 1854년 미·일 화친조약으로 일본이 처음 개방한 항구 중 하나로, 이때에 하코다테산 기슭에 외국인 거류지를 중심으로 한 시가지가 형성되었다. 하코다테산은 하코다테반도와 육계사주를 통해 연결된 육계도로, 육계사주 위에 외국인 거류지로부터 이어진 시가지가 자리하고 있다. 하코다테산 정상의 전망대에서 내려다보는 하코다테의 야경이 유명한데, 일본의 3대 야경 중 하나라는 수식어를 붙여 홍보하고 있다.

192 라파스에 있는 두 개의 섬

이태우, 2016년 1월 @볼리비아 라파스

라틴아메리카의 많은 나라들은 경제적 양극화가 심각하다. 그중에서 볼리비아는 라틴아메리카에서도 최빈국으로, 소수의 상류층과 절대다수의 서민층으로 구성되어 있다. 행정 수도인 라파스에는 경제적 기회를 찾아 곳곳에서 몰려온 사람들이 형성한 빈민가가 빼곡하다. 무분별하게 들어선 주택들 사이에 남아 있는 산봉우리가 밤이면 섬처럼 보인다. 상류층의 공간인 화려한 고층빌딩이 이스마엘 몬테스 대로를 따라 나타나는데, 이곳은 주변부의 빈민가와 대비되어 또다른 하나의 섬처럼 보인다.

193 냉전의 섬이었던 베를린과 그 흔적

서정현, 2018년 6월 @독일 베를린

냉전 시대의 베를린은 동서의 이념으로 인한 희생의 장소였다. 길게 이어진 콘크리트 장벽은 동서 이념의 상징인 동시에 베를린이라는 도시를 지리적으로 나누었고, 그 결과 서베를린은 섬이 되어 버렸다. 1990년 독일이 통일되면서 동서독 시민들에 의해 베를린 장벽은 무너졌다. 이와 함께 이념의 섬도, 지리적 섬도 함께 사라졌다. 사라진 섬의 경계 자리에는 전 세계의 예술가들이 찾아와 벽화로 그 흔적을 남겨 놓았으며, 이제 베를린은 홀로된 섬에서 예술가들의 자유 도시로 새롭게 태어났다.

194 중세 문화를 간직한 아드리아해의 진주, 두브로브니크

박정애, 2016년 7월 @크로아티아 두브로브니크

크로아티아의 항구 도시인 두브로브니크는 본토와 단절된 월경지로서 이웃한 보스니아 헤르체고비나의 유일한 항구 도시인 네움에 의해 짧게 단절되었다. 그중에서도 구시가지는 아드리아해로 돌출한 지형에 성벽을 쌓아 만든 요새로, 그 자체가 다시 주변과 구분되는 경관을 연출한다. 철옹성처럼 두꺼운 성벽은 옛것을 고스란히 보존하는 차단막이 되어 성벽 안으로 들어가는 순간 중세로 거슬러 올라간 것 같은 착각을 하게 된다. 고딕·르네상스·바로크 양식의 아름다운 건축물들이 잘 보존되어 있어 크로아티아에서 가장 인기 있는 관광지이기도 하다. 구시가지의 성벽은 1979년 유네스코 세계문화유산으로 지정되었는데, 1990년 유고슬라비아 전쟁 때 피해를 당하는 불행을 겪기도 했다.

195 문래동 영단주택

이두현, 2016년 5월 @서울특별시 영등포구

영단주택이란 1941년 조선총독부가 설립한 특수 법인인 조선주택영단朝鮮住宅營團에서 조성한 집합 주거 단지이다. 서울에서는 문래동, 상도동, 대방동 등에 영단주택이 건립되었지만 모두 사라졌고, 70년이라는 세월 동안 이곳 문래동만이 옛 모습(지붕과 내부 구조는 일부 변형되고, 주거지에서 철공소로 변화되었음) 그대로 서로를 기대며 주변과는 다른 섬으로 지금까지 남아 있다.

196 양극화된 도시에서의 섬

이태우, 2011년 3월 @서울특별시 강남구

세계 도시의 양극화된 사회 구조는 공간으로 투영되어 나타나기도 한다. 구룡마을 주변은 서울의 양극화를 관찰할 수 있는 곳이다. 판자촌과 타워팰리스가 어색하게 위치하고 있다. 어느 쪽이 섬일까? 30억을 넘나드는 고급 주거 단지 타워팰리스도, 오갈 곳 없는 사람들이 모여 사는 구룡마을도 모두 서울의 섬처럼 느껴진다. 구룡마을은 최근 재개발이 확정되었다. 구룡마을 주민들은 다시 한번 내몰릴 예정이다.

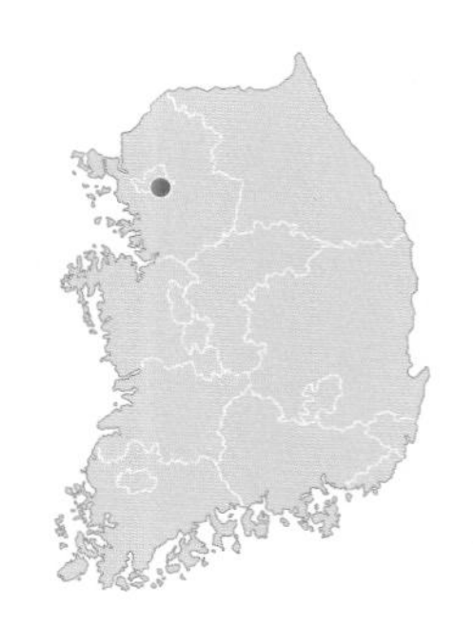

197 이태원의 이슬람 사원

이태우, 2011년 3월 @서울특별시 용산구

서울 한복판에 이슬람 사원이 있다. 한국 정부가 부지를 제공하고 사우디아라비아 등의 이슬람 국가에서 자금을 지원해 건설된 사원이다. 인도네시아, 방글라데시, 파키스탄, 터키, 우즈베키스탄 등에서 건너온 이주 노동자들의 증가로 인해 한국의 이슬람교 신자도 증가하고 있다. 이태원에 있는 이슬람 사원은 국내 이슬람교 신자들의 구심점 역할을 하며, 이슬람 사원을 따라 이슬람 거리도 만들어져 있다.

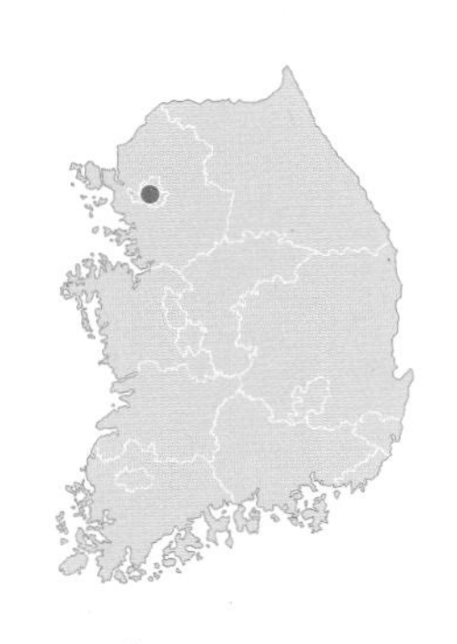

198 무어인의 마지막 한숨이 된 알람브라 궁전

한충렬, 2018년 1월 @에스파냐 그라나다

어릴 적 클래식 기타 연주에 도전해 본 적이 있다. '로망스'까지는 어설픈 연주가 되었지만, '알람브라 궁전의 추억'을 넘지 못하고 포기해야만 했다. 애잔한 분위기의 이 곡은 기타리스트 타레가Tarrega가 알람브라 궁전에서 받은 영감으로 작곡하였다고 한다. 최근 남자 주인공이 그라나다에서 전직 기타리스트였던 여주인공을 만나며 펼쳐지는 게임 이야기를 다룬 드라마 영향인지, 알람브라 궁전에 가면 경복궁에 온 듯 많은 한국 관광객을 볼 수 있다. 아랍어로 '붉은빛'이라는 뜻의 알람브라는, 이베리아반도에 정착했던 무어인들이 시에라네바다산맥 아래의 그라나다에 지은 궁전이다. 그라나다는 기독교 중심의 이베리아반도에서, 섬과 같이 남아 번영을 누리던 이슬람 나스르 왕조가 자리 잡았던 곳이다. 1492년 기독교 세력에 의해 점령되면서, 마지막 왕 보압딜은 '무어인의 마지막 한숨'을 남기며 눈 덮인 시에라네바다산맥을 넘어 모로코로 피하였다. 이때 이사벨라 여왕으로부터 항해를 허락받아 신대륙 개척을 결심한 인물이 바로 콜럼버스이다. 이렇게 알람브라 궁전의 함락은 이베리아반도를 넘어 전 세계에 크리스트교가 전파되는 계기가 된다.

199 문화의 섬, 요코하마 차이나타운

이대진, 2018년 1월 @일본 요코하마

1859년 요코하마가 개항한 이후 중국인들이 들어와 거주하면서 아시아 지역에서 가장 큰 규모의 차이나타운을 형성하고 있다. 현지에서는 차이나타운보다는 추카가이中華街라고 부른다. 일본도 한자를 사용하기에 글자에서는 차이를 발견하기 쉽지 않지만, 중국인들이 선호하는 붉은색의 장식과 패루를 통해 차이나타운의 경관을 식별할 수 있다. 이렇게 보편적인 문화가 지배적인 지역에서 어느 특정한 지역만 다른 문화 요소를 가지는 곳을 '문화의 섬'이라고 한다.

200 하와이 속 일본 문화, 뵤도인 사원

최종현, 2018년 8월 @미국 하와이주

하와이에 있는 뵤도인平等院 사원은 1968년 일본의 하와이 이주 100주년을 기념하여 만들어진 사원이다. 일본 교토부 우지시에 있는 뵤도인의 모습을 본떠 만들었다. 크리스트교 문화의 영향을 받은 미국에 동아시아의 불교 사원이, 그것도 하와이 오아후섬의 열대림 속에 문화의 섬처럼 자리 잡고 있다. 하와이에는 일본계 인구가 약 16%에 이를 정도로 많다. 19세기에 하와이는 사탕수수 농장의 부족한 일손을 메꾸기 위해 아시아에서 인력을 수급하였다. 이때부터 많은 일본인이 하와이를 기회의 땅으로 여기고 이주하기 시작하였고, 지금은 선주민 수보다 많은 일본인이 하와이에 거주하게 되었다. 그래서 하와이에는 일본의 문화 경관이 여기저기 녹아 있다. 하와이의 대표 음식인 무스비, 하와이안 포케 등도 일본 문화의 영향을 받은 음식이다.

V. 움직임, 세상을 잇다

신종 코로나 바이러스로 인해 세상이 어수선합니다.
이 바이러스는 대륙의 한 구석 작은 시장으로부터
어떻게 전 세계로 전파된 걸까요?
이러한 전파는 곧 사람들의 이동 때문이겠죠.
그러고 보니 사람은 이동하는 속성을 가지고 있습니다.
또한 물, 바람, 바다도 그렇고
심지어는 고체인 얼음도 이동합니다.

이동한 후 돌아가지 않으면 이주라고 합니다.
사람이 이주하면 한 문화가 다른 지역으로 이동해서
뿌리를 내리게 되고 기존 문화에도 영향을 줍니다.
즉, 다문화는 오래전부터 존재해 왔습니다.

또한 떨어져 있는 두 지역을 이어 주는 어떤 매개체가 있어서
우리는 서로 연결되어 살아갑니다.
이러한 '네트워킹'은 특히 교통과 통신이 발달해서
'글로벌'한 요즘 더욱 활발합니다.

이동이나 연결이 끊어지면 어떻게 될까요?
신종 바이러스로 여기저기 국경이 폐쇄된다면
우리의 생활과 인식은 얼마나 불편해질까요?

움직임을 통해 살아 있음을 알 수 있으며,
살아 있기 때문에 이동하고 연결합니다.
우리는 모든 세상을 연결하고자 합니다.
지리를 통해….

일상 속에서, 그리고 더 넓은 세계 속에서
움직임을 통해 세상이 연결되는 모습을 사진을 통해 보여드리고자 합니다.

201 솔고개 소나무와 북극성

정의목, 2020년 1월 @강원도 영월군

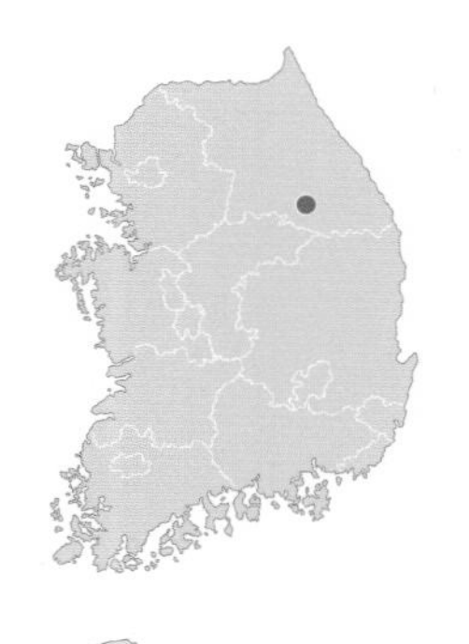

밤하늘의 북극성은 계절과 시간에 따라 움직이는 별들 사이에서 방향의 기준점을 제시할 뿐만 아니라, 불변 및 영원의 상징으로 불리기도 한다. 시대와 국가가 변하는 동안 한 자리에 뿌리내리고 오랜 세월을 살아온 솔고개 소나무를 북극성과 함께 사진의 중심에 두고, 별의 궤적을 2시간 정도 촬영하였다. 고정되어 있는, 변하지 않는 것들이 때로는 움직이는 것들의 변화를 더욱 아름답고 돋보이게 만들어 준다.

202 걸으면 비로소 보이는 길, 산티아고 순례길

박승욱, 2017년 2월 @에스파냐 라리오하주

산티아고 순례길Camino de Santiago은 국내 예능 프로그램에 소개될 만큼 잘 알려진 순례길이다. 그래서 이제 산티아고 순례길에서 한국인을 만나는 일은 그리 어려운 일이 아니다. 사람들이 순례길을 걷는 이유는 저마다 다르지만, 길 위의 모두가 걷고 또 걸어 결국 산티아고로 향한다. 걷기는 가장 느린 이동 방법이다. 하지만 동시에 여유를 느끼고 경관을 즐기는 가장 좋은 방법이기도 하다. 그러고 보니 여기저기에 걸린 플래카드가 눈에 들어온다.

'속도를 줄이면 사람이 보입니다.'

203 이바구길을 오가는 168계단과 모노레일

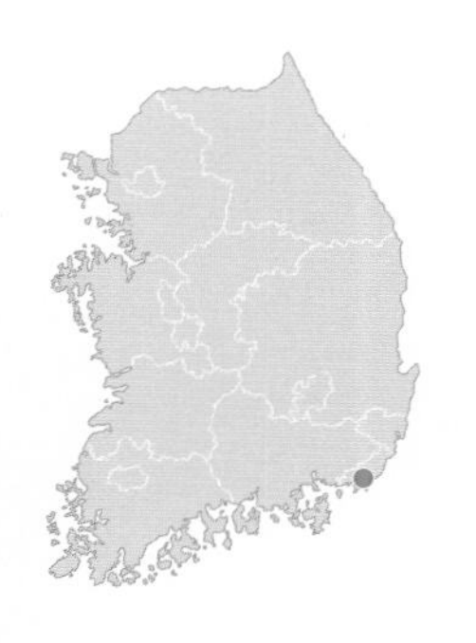

이대진, 2019년 8월 @부산광역시 동구

‘이야기’라는 뜻의 경상도 사투리로 불리고 있는 부산 초량동 윗동네의 ‘이바구길’. 이곳에는 부산의 근현대사가 골목골목마다 담겨 있다. 특히 ‘168계단’은 초량동의 산 윗동네와 아랫동네를 연결하는 유일한 길로, 6·25 전쟁 당시 몰려든 피난민들의 삶과 애환이 서려 있는 곳이다. 수많은 지친 사람들이 계단 한구석에 걸터앉아 이야기꽃을 피웠을 168계단. 현재는 고령의 주민들이 이용하기 어려워 옆의 모노레일에 통로로서의 기능을 넘겨 주었지만, 여전히 과거의 매력적인 이야기를 간직한 채 관광명소로 거듭나게 되었다. 과거의 길과 현재의 길을 한 화면에 담아 보았다.

204 안데스 산지를 넘어가는 구절양장의 도로

박병오, 2008년 1월 @칠레 발파라이소주

칠레와 아르헨티나 사이에는 안데스산맥을 넘어가기 위한 도로가 구불구불하게 나 있다. 최근에는 토목 기술이 발달하여 수십 km 길이의 터널을 뚫고, 골짜기에는 교각을 건설하여 산악 지역의 교통을 편리하게 만들기도 한다. 하지만 안데스 산지는 워낙 규모가 크고 험준하여 도로를 건설하기가 어렵다. 그럼에도 불구하고 이동하고자 하는 인간의 욕구는 험준한 자연환경보다 더 큰 것 같다. 한편으로는 대규모의 환경 파괴를 피하고 자연환경에 적절하게 대응한 저런 구불거리는 길이 앞으로도 온전히 보전되기를 바란다.

205 경계를 허무는 고속철도의 힘

박병오, 2010년 7월 @프랑스 파리

공중으로 이동하여 감흥이 덜한 비행기에 비해, 유럽의 고속철도는 지상으로 이동하면서도 별다른 제약 없이 국가의 경계를 넘나들 수 있다는 사실을 실감하게 만든다. 특히 육로로는 이동의 한계선이 정해져 있는 우리나라의 상황에 대입해 보면, 유럽의 고속철도들이 국경을 넘어 이동하는 모습은 더욱 생소하게 느껴진다. 이동은 경계에 대한 인식을 바꾸고, 때로는 경계를 허물어버릴 수 있는 강력한 힘을 갖고 있다.

206 운하의 나라 독일, 지금은?

박병오, 2010년 8월 @독일 하이델베르크

고대로부터 강은 사람들이 이동하고, 물자를 운송하는 중요한 교통로로 이용되어 왔다. 특히 계절별 강수량이 일정하고, 국토 전반이 평탄한 독일은 전 세계적으로 운하가 가장 발달한 나라 중 하나이다. 하지만 지금은 독일에서조차 교통로로서의 운하보다 생태와 여가 공간으로서의 하천이 더욱 중요하게 여겨지고 있다. 무마되었지만, 우리나라에서도 큰 강들을 운하로 연결하려는 시도가 있었다. 강은 수많은 생명체들에게 삶의 터전을 제공하며, 인간에게도 이동을 위한 통로나 경제적 효율성 이상의 의미를 갖는다는 사실을 잊지 말아야 한다.

207 움직이다 멈춘 곳, 모래톱

한준호, 2019년 1월 @충청북도 청주시

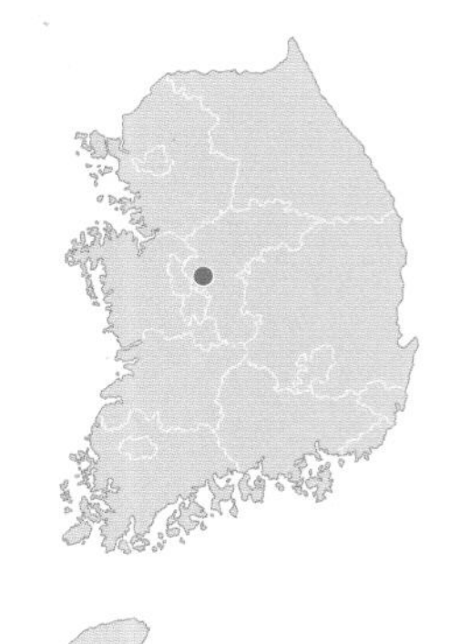

하천은 지표 위에서 물이 움직이는 공간이다. 크고 작은 물질들이 그 하천에 의해 상류 쪽에서부터 움직여지며, 물의 흐름이 느려지면 움직임을 멈추고 한 곳에 머무른다. 그렇게 만들어진 것이 모래톱이다. 겨울철이면 멀리서 온 철새 손님들이 미호천의 모래톱에 머물다 간다. 시베리아의 추위를 피해 국경을 넘어서 이곳까지 날아 '움직인' 오리들이 모래톱에서 휴식을 취하면서 먹이 활동을 하고 있다. 이런 풍경은 우리나라 여느 하천에서 흔히 볼 수 있지만, 차량이나 기차를 타고 빠르게 '움직이는' 현대인들의 눈길을 끌기는 힘들다.

208 세계화의 원동력, 컨테이너

최종현, 2019년 8월 @부산광역시 남구

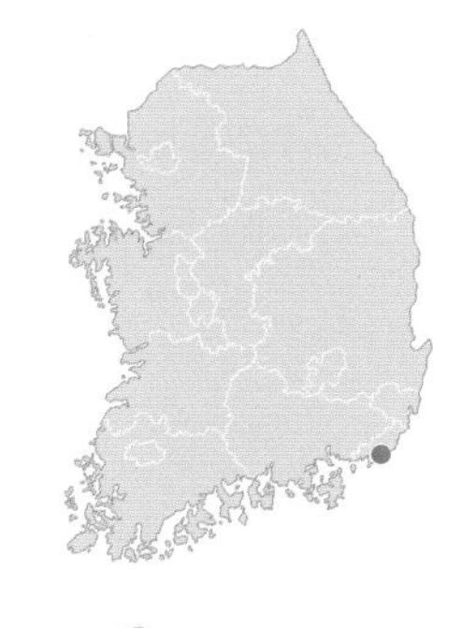

부산 시티투어 버스를 타면 부산항 컨테이너 터미널에 컨테이너가 대량으로 쌓여 있는 모습을 볼 수 있다. 컨테이너는 화물을 능률적으로 수송하기 위해 만든 표준화된 선적 용기를 말한다. 컨테이너와 항구의 발달은 많은 물자가 쉽게 이동할 수 있도록 돕는다. 부산항은 2019년 2,195만 개의 물동량을 자랑하는 세계적 규모의 항구이다. '팀 하포드의 경제학 팟캐스트'를 읽어 보면 현대 경제를 만든 50가지 발명 중 하나로 컨테이너를 꼽았다. 컨테이너의 발명은 무역을 안전하고 신속하게, 경제적으로 진행할 수 있도록 도왔다. 또 컨테이너의 사용으로 운송비가 줄어들면서 제조업체는 세계 어느 곳에나 공장을 세울 수 있었다. 컨테이너의 발명이 세계화를 이끈 큰 원동력이 된 것이다. 다음은 마크 레빈슨이 쓴 『더 박스』의 한국어판 서문 일부이다. "한국이 가난에서 벗어나 세계의 무역 강국으로 우뚝 선 것도 이 '박스'가 빚어 낸, 아무도 예상하지 못했던 수많은 결과 중 하나이다."

209 포항 운하와 자전거 도로

최종현, 2019년 6월 @경상북도 포항시

1960년대 말 포항의 개발 과정에서 형산강과 동빈내항을 이어 주던 물길이 사라졌다. 그리고 동빈내항은 깊숙한 만으로 바뀌어 물의 흐름이 막히면서 크게 오염되기 시작하였다. 이렇게 오염된 동빈내항의 물길을 연결하기 위한 도심 하천 정비 사업의 일환으로 포항 운하가 만들어졌다. 포항 운하가 만들어진 이후 2014년부터 포항 크루즈가 운영되기 시작했다. 크루즈를 타면 포항 운하와 영일만의 바다, 포항제철소 등을 둘러볼 수 있다. 또 무료로 대여하는 자전거를 타면 운하 주변에 전시된 철鐵로 만든 다양한 조형물도 관람할 수 있다. 사진을 보면 포항 운하 뒤편으로 제철소의 모습이 보인다. 포항 운하가 뚫리면서 하천의 물길이 복원되었으며, 동빈내항의 수질은 개선되었고, 이제는 많은 관광객이 찾는 관광 명소가 되었다. 고인 물은 썩고, 흐르는 물은 썩지 않는다.

210 요새의 두 마을을 잇는 통로, 누에보 다리

송진숙, 2017년 1월 @에스파냐 론다

에스파냐 안달루시아 자치지역 론다Ronda에 있는 누에보 다리Puente Nuevo는 구시가지와 신시가지를 이어 주는 3개의 다리 중 가장 나중에 만들어진 다리로, 과달레빈강Rio Guadalevin이 만든 120m 높이의 타호 협곡El Tajo을 가로지른다. 해발 730m 고지대에 위치한 론다는 과달레빈강이 만든 협곡과 절벽으로 에워싸인 천연 지형으로, 기원전 3세기에 고대 로마의 스키피오 아프리카누스 장군에 의해 요새화되었다. 누에보 다리는 천혜의 절경을 지녔지만 뺏고 빼앗기는 역사를 반복할 수밖에 없었다. 한때는 무어인들의 요새였고, 다시 레콩키스타Reconquista(국토 회복 운동)에 의해 탈환되었으며, 1930년대 에스파냐 내전 당시에는 공화파와 파시스트로 주인이 바뀌었다. 그러나 그 시간 동안에도 누에보 다리는 수많은 사람들의 이동 통로였다. 한편 다리 밑의 작은 아치형 시설은 감옥으로 사용되어 포로의 고문과 처형이 이루어진 아픈 역사의 장소이기도 하다.

211 사천과 남해를 연결하는 다리와 케이블카

최종현, 2019년 7월 @경상남도 사천시

사진 왼쪽에 사천시와 남해군을 연결하는 창선·삼천포대교가 보인다. 창선·삼천포대교는 서로 다른 공법과 형태로 만들어진 5개의 교량으로, 늑도, 초양도, 모개도 등을 징검다리 삼아 사천시 삼천포와 남해군 창선도 사이를 이어 주고 있다. 2003년에 이 다리가 개통된 후 남해군의 접근성이 크게 높아졌을 뿐만 아니라 '한국의 아름다운 길' 대상을 수상한 적이 있을 정도로 개성 있는 경관을 자랑하고 있다. 바로 옆에 보이는 사천바다케이블카는 사천의 각산(육지)과 바다의 초양도를 연결한 것으로 2018년에 개통되었다. 낮에는 케이블카를 이용하여 바다의 수려한 경관을 내려다볼 수 있을 뿐만 아니라, 해가 진 뒤에는 창선·삼천포대교의 야경을 감상할 수 있는 야간의 케이블카도 관광객들에게 인기가 많다. 길은 이동의 수단이지만, 때로는 길 자체가 목적이 되기도 한다.

212 매력 있는 교통수단, 트램

최종현, 2019년 8월 @호주 멜버른

트램은 우리나라에서는 생소하지만, 호주 멜버른에는 버스 노선보다 트램 노선이 많을 정도로 멜버른을 대표하는 교통수단이다. 멜버른 도심에는 무료 트램 구역free tram zone이 있으며, 대부분의 도심 내 유명 관광지는 이 구역 안에 있기 때문에 멜버른 시내를 여행할 때에는 차를 대여하여 타기보다는 트램 활용을 추천한다. 트램은 도로에 깐 레일 위를 주행하는 노면 전차이다. 우리나라는 상대적으로 공간이 좁고 도로가 복잡하여 지상의 도로 혼잡을 유발하는 트램보다 지하철을 확충하는 방향으로 대중교통이 발달했다. 하지만 오염 물질 배출이 적고 공사비가 지하철보다 저렴하다는 트램만의 매력이 있기 때문에, 지역을 새롭게 개발하려는 우리나라의 몇몇 지자체에서는 트램 도입을 계획하고 있다.

213 물, 바람 그리고 문화의 통로, 와칸 회랑

민석규, 2017년 8월 @타지키스탄 이스카심

아프가니스탄과 타지키스탄 사이에 있는 와칸 회랑Wakhan Corridor은 자연의 통로로 기능해 왔다. 최후 빙기 때 힌두쿠시산맥과 파미르고원을 덮었던 빙모가 이동하며 남긴 빙하 지형들, 편서풍이 불어나가며 만든 바르한뿐만 아니라 와칸강이 만든 흔적들도 찾아볼 수 있다. 와칸 회랑은 인간에게도 중요한 통로로 활용되었다. 고대 동서 문화의 통로였던 비단길Silk Road 중 가장 남쪽에 위치해 교류의 요충지였던 와칸 회랑을 차지하기 위해 당나라군을 이끌고 이곳까지 원정했던 고구려 유민 고선지 장군의 흔적이 이곳에 남아 있으며, 19세기 제국주의 정책을 추진해 중앙아시아를 점령하고 인도로 남하하려던 러시아와 이를 견제하던 영국 세력이 직접적인 충돌을 피하기 위해 이곳을 완충 지대로 삼았던 역사도 있다.

214 빙하가 움직인 흔적, 찰흔

한준호, 2018년 7월 @핀란드 헬싱키

일상에서 경험하기 힘든 빙하의 움직임 현상을 학생들에게 설명하는 것은 매우 어렵다. 사실 과거 지리학자들도 빙하의 움직임을 눈으로 직접 목격했다기 보다는 여러 흔적들을 관찰·수집하면서 빙하가 이동했다고 분석했다. 최후 빙기 때 국토의 대부분이 빙하로 덮였던 핀란드에는 빙하 이동의 흔적이 곳곳에 있는데, 수도인 헬싱키의 카이보 공원에서 그 흔적을 볼 수 있었다. 기반암의 표면이 매끈하면서도 가느다란 홈이 나란히 파여 있으면 빙하 이동에 따라 마식磨蝕, abrasion되었다고 유추하며, 이를 찰흔擦痕, rub pattern이라고 한다. 햇살이 따가운 한여름 헬싱키 시내 한 공원의 바위 위를 거닐면서, 과거에 이 바위 위로 차가운 얼음 덩어리가 움직였다고 상상해 본다.

215 멈춘 듯 움직이는 얼음 하천, 빙하

한충렬, 2017년 8월 @아이슬란드 쉬뒤를란드

비크에서 레이캬비크 방향 남부 1번 링로드를 벗어나 이곳 에이야파들라이외퀴들 화산 지대를 찾는 여행객은 대부분 이 지역을 지나쳐 소스모르크 트레킹 코스를 찾는다. 하지만 이곳 빙하의 말단부에 다가가 보면 아이슬란드만의 특별한 경관인 곡빙하를 발견할 수 있다. 이곳의 빙하는 잿빛 화산재에 덮여 있어 그 사이로 비쳐 나오는 빙하의 푸른빛이 그 신비함을 더해 준다. 곡빙하(산악 빙하)는 보통 폭이 좁은 리본 형태로 산 계곡을 흘러내리는 빙류氷流를 말한다. 아주 오랫동안 쌓인 눈이 얼음 덩어리로 변한 빙하는 고체이기에 멈춰선 듯 보이지만 그 자체의 무게를 이기지 못하고 골짜기 아래로 느리게 움직인다. 그러나 느리긴 하지만 이러한 빙하의 움직임은 단단한 암석을 깎아 U자형의 계곡을 만들고, 빙하가 녹은 물은 빙하 밑을 흐르며 얼음동굴을 만들기도 한다. 푸른빛의 신비함에 취해 조금씩 더 동굴 깊숙히 들어가고 있을 즈음, 탐사 대장님이 멈춤을 지시했다. 얼음 동굴이 언제 붕괴될지 모른다는 것이었다. 지구 온난화는 이 지역의 곡빙하를 급격히 후퇴시키고 있다.

216 빙하가 만든 바닷길, 피오르

한충렬, 2018년 8월 @노르웨이 플롬

북극으로 가는 길 노르웨이. 북극에 인접한 지리적 특성은 이곳에 극광 오로라와 빙하의 흔적 피오르를 선물로 주었다. '피오르fjord'는 곡빙하 때문에 침식된 U자 형태의 골짜기에 바닷물이 들어차며 만들어진 좁고 깊은 협곡을 말한다. 노르웨이어로 '여행하며 지나는 곳'이라는 의미를 지닌다. 협곡의 양옆은 빙하가 깎은 수백 m의 절벽이어서 협곡을 가로질러 이동하기는 어렵다. 그래서 바다를 주름잡았던 바이킹들에게 피오르는 바다로 나가는 중요한 교통로 역할을 하였을 것이다. 송네 피오르는 내륙으로 수 km~수백 km까지 들어와 있음에도 불구하고 수심은 수백 m~천 m 정도로 깊어서 큰 배들이 운항할 수 있다. 플롬은 송네 피오르 중 에울란 피오르의 가장 안쪽에 있는 마을로, 해안에서 무려 200여 km나 떨어진 항구이다. 인구 500명의 작은 마을이지만 산악 열차를 통해 세계 각지의 사람들이 이 마을로 모여든다. 바로 송네 피오르 관광의 시작점이기 때문이다. 붉은 노을이 없어서인지, 이 대자연 앞에 '절규'를 자아낸 뭉크의 심정을 헤아릴 여유는 갖지 못하고 돌아왔다.

217 바닷물의 흐름을 이용하는 발전소

김석용, 2019년 9월 @경기도 안산시

태양과 달의 인력 차이로 인해 바닷물은 하루에 두 번씩 높낮이가 달라지고 그로 인해 흐름(이동)이 생긴다. 안산과 시흥 사이의 시화방조제는 이 흐름을 막는 공간이었다. 하지만 그 결과로 만들어진 시화호는 오염되었고, 이를 복원하기 위해 끊어졌던 흐름을 다시 이어 주며 설치한 조력발전소는 현재 50만 명이 한 해 동안 사용할 수 있는 전기를 생산하고 있다. 인위적으로 막고 끊는 것보다, 자연의 이동을 있는 그대로 활용하는 것이 인간의 지혜일 수 있다.

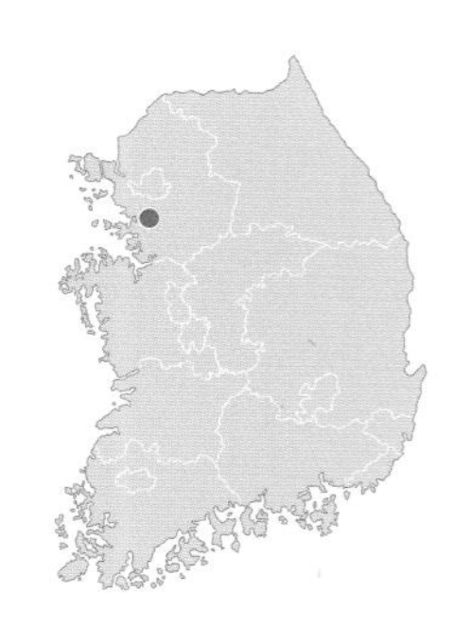

218 물을 건너가게 하는 수도교

성정원, 2019년 9월 @에스파냐 세고비아

도시가 유지되기 위해서는 물 공급이 필수적이라는 것을 일찍부터 알았던 로마인들의 고민이 이 신비로운 건축물을 탄생시켰다. 로마는 공중목욕탕, 공중 화장실, 분수 등 공공시설뿐만 아니라 사유지에도 물을 공급했고, 골짜기를 가로지르기 위해 다리를 건축하는 경우도 있었다. 이런 다리를 수도교水道橋, aqueduct라고 하는데 1% 이하의 미세한 경사를 두어 물이 계속 흐르도록 하는 아주 정교한 건축물이다. 약 2,000년 전 로마는 이베리아반도까지 영토를 확장하며, 이곳 사람들에게 물을 공급하기 위해 수도교를 만들었다. 이 수도교는 2만 개가 넘는 화강암을 이용하여 만들어졌으며, 세고비아에서 17km나 떨어진 강물을 이곳으로 끌어왔다.

219 파도가 빚어낸 12사도의 절경

이동민, 2018년 1월 @호주 빅토리아주

해안으로 밀려드는 파도는 그 강력한 에너지로 인해 해안에 다양한 지형을 만든다. 파도에 의해 해안의 암석이 침식되는데, 침식을 견뎌낸 단단한 부분이 돌탑처럼 솟아 있는 지형이 시 스택sea stack이다. 호주 남동부 빅토리아주의 명소인 '12사도'는 여러 개의 시 스택이 빚어낸 절경이다. 20세기 초반 그레이트오션로드가 건설될 당시 실제로는 8개의 시 스택이 있었지만, 관광 홍보 목적으로 12사도라는 이름이 붙여졌다. 계속된 파도의 침식으로 시 스택 1개가 붕괴하여 오늘날에는 7개가 남아 있다. 파도의 침식작용으로 기존의 시 스택이 사라지고 새로운 시 스택이 생기며 해안절벽은 천천히 뒷걸음질치게 된다.

220 바람길

임병조, 2012년 12월 @충청남도 천안시

눈 내린 날 산길을 걷다가 허리 높이까지 쌓여 있는 눈더미를 만났다. 흔한 장면이 아니기도 하지만 모양이 특이해서 걸음을 멈출 수밖에 없다. 사막의 사구를 꼭 닮은 눈더미여서 설구雪丘라고 이름을 붙였다. 북쪽 사면이라서 겨울 바람이 매서운 곳인데 임도 주변은 모두 숲이어서 바람이 임도를 만나면 큰 변화가 일어날 수밖에 없는 구조이다. 산길을 가로막고 있는 설구를 통해 바람길을 짐작할 수 있다. 바람은 눈에 보이지 않지만 바람이 다니는 길은 분명히 있다. 지형이나 식생 분포 등이 바람의 이동에 크고 작은 영향을 미쳐 바람길이 만들어진다. 큰 규모로는 산줄기가 바람 장벽이 되기도 하고 산줄기 사이의 계곡이 바람의 통로가 되기도 한다. 산줄기 중간에 있는 고개는 바람길이 되는 경우가 많다. 숲은 바람을 약하게 하는 방풍림 역할을 하며, 큰 나무가 미시적으로 바람에 영향을 주기도 한다.

221 같은 공간, 다른 차원

임병조, 2016년 12월 @충청남도 천안시

산길을 걷다 보면 동물들이 다니는 길을 가끔 만난다. 사람이 다니는 길과 같은 경우도 없지는 않지만 사람이 다니는 길을 가로질러 난 경우가 많다. 어느 날 눈길에 사람이 다니는 등산로를 따라 산짐승의 발자국이 찍혀 있는 것을 보면서 문득 '그들도 편한 길이 좋구나'라고 느꼈던 적이 있다. 사람은 산 정상을 목표로 길을 걷고, 동물은 먹이나 은신처를 찾아 길을 갈테니 같은 길을 갈 수는 없지만 우연히 사람과 동물이 같은 길을 갈 때도 가끔씩은 있는 것이다. 하지만 사람과 동물의 삶은 너무도 달라서 삶의 공간도 다르고, 공간 안에서 이루어지는 연결 방식도 다르다. 같은 시공간에 살지만 다른 차원에서 살고 있다고 할 수 있다. 심지어는 이렇게 지붕 위로 가는 것이 동물의 생활 공간에서는 유리한 연결 방식이 되기도 한다. 쥐인지, 족제비인지 알 수 없는 그는 저 지붕 위에서 '위험하고 먼 길'을 가는 나를 내려다보며 고개를 갸웃거리고 있을지도 모른다.

222 낙지길?

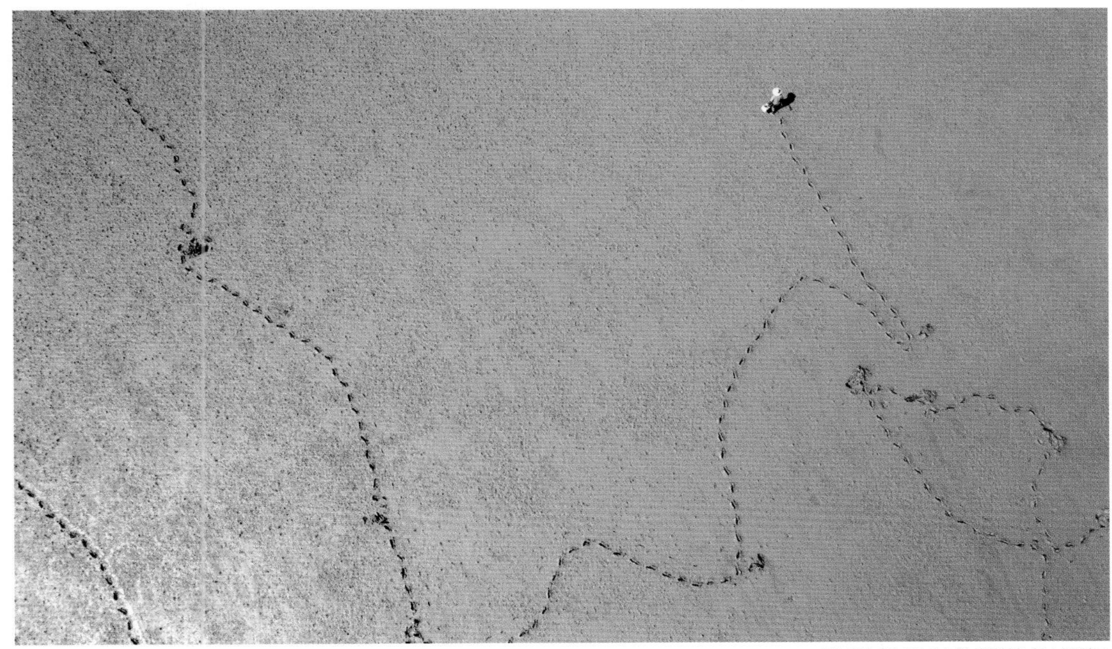

김덕일, 2019년 8월 @전라남도 무안군

낙지는 펄(갯벌) 구멍을 손이나 삽으로 헤집어서 잡는다. 낙지는 펄 속에서 숨을 쉬며 펄을 내놓기 때문에 물이 뽀얗게 솟는데 이것을 '부럿'이라고 한다. 부럿 주위에는 위장을 위한 구멍들도 여러 개가 있는데, 이 부럿을 잘못 건드리면 연결된 구멍 속으로 낙지가 숨는다고 한다. 부럿을 따라가는 어부의 길 위에 낙지를 잡기 위해 애쓰는 어부의 노력이 보이는 듯하다.

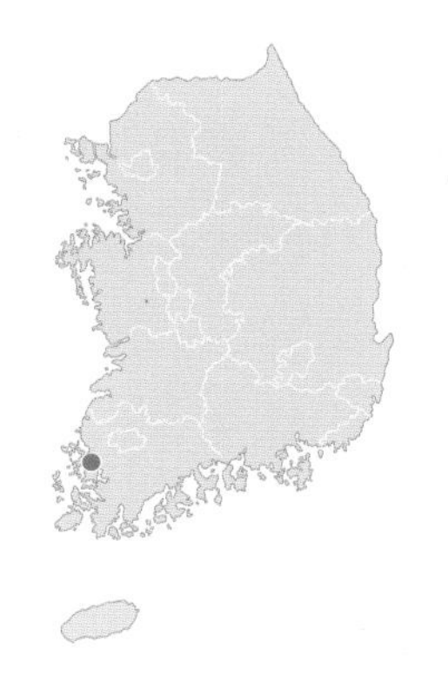

223 곰소만으로 이동하는 트랙터

김덕일, 2018년 6월 @전라북도 고창군

썰물이 시작되자 백합白蛤을 채취하기 위하여 트랙터가 이동하고 있다. 백합은 대합과에 속하는 조개로, 문합文蛤·화합花蛤이라고도 한다. 대합은 옛날부터 즐겨 먹던 조개류의 하나로, 대합의 육질을 건제품으로 가공하거나 통조림으로 가공하여 수출하기도 하는데 대부분은 날로 식용한다. 고창의 대합 칼국수는 지금도 생각이 난다. 또 껍질로는 바둑돌을 만들기도 하며, 태워서 만든 석회는 고급 물감의 원료가 되기도 한다.

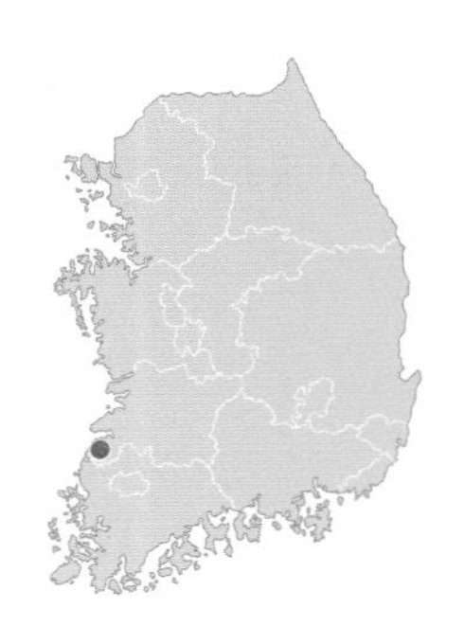

224 썰물이 만든 캔버스

김덕일, 2019년 4월 @전라남도 신안군

다도해 최대 규모의 갯벌 공원으로 지정된 신안군 증도와 화도 사이의 갯벌에 노두길이 드러났다. 이 노두길은 차 한 대 다닐 수 있는 폭이고, 들물(밀물)에는 잠기고 날물(썰물)에는 드러나는 숨바꼭질길이다. 물의 이동은 갯벌을 캔버스로 만들었고 멋진 그림을 남겼다. 봄이 되면 이 갯벌은 짱뚱어와 낙지를 잡는 이들이 땀을 흘리는 현장이 되기도 한다.

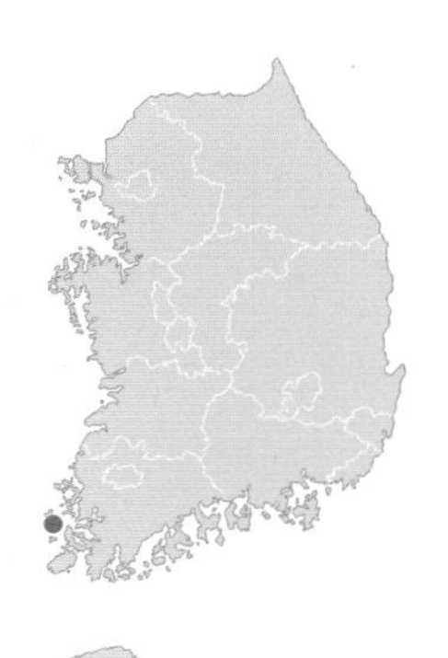

225 이동할 뿐 사라지지 않는다

최종현, 2019년 2월 @말레이시아 코타키나발루

코타키나발루의 유명 골프장 주변 바다에서는 이동한 쓰레기들이 무수히 쌓인 것을 볼 수 있다. 우버 택시를 타고 가는 도중에 쓰레기로 덮인 바다 위 수상 가옥에 사는 사람들의 모습을 보았다. 차마 카메라 셔터를 누를 수 없을 정도로 충격적인 모습이었다. 바다 위 쓰레기와 함께 살고 있는 사람들. 말레이시아로 일자리를 찾아 이주해 온 가난한 나라의 사람들이 주로 그곳에 거주한다고 한다. 우리가 버린 쓰레기는 사라지지 않는다. 다른 곳으로 이동할 뿐이다.

226 이동, 그리고 '우리'는?

최종현, 2019년 10월 @경기도 안산시

안산 '국경 없는 마을'에서 볼 수 있는 경관이 특이하다. 창문에는 다양한 국가의 국기와 문자를 볼 수 있으며, 휴대폰 대리점에서는 중국과 베트남 출신의 직원을 구하고 있다. 일자리를 찾아 다른 나라로 이동하고, 이주민이 많아진 지역에서는 이런 문화 경관이 나타난다. '우리은행'이라는 은행 명칭이 영어로는 'WOORI BANK', 중국어로는 '友利銀行'으로 표기되어 있다. 다양한 문화가 어우러지는 사회 속에서 '우리'의 개념에 대해 다시 한번 생각해 보게 된다. '우리'의 범주는 어디까지일까? 다양한 우리들이 모여 서로를 이해하고 하나의 우리가 되는 세상을 그려 본다.

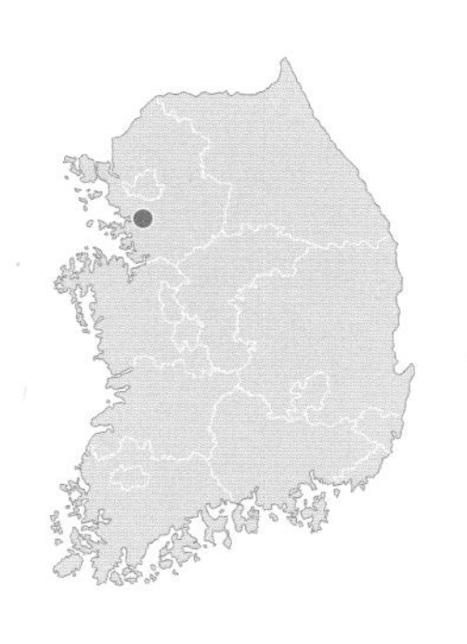

227 외국인도 주민세를 낼까?

최종현, 2019년 10월 @경기도 안산시

외국인도 국내에서 거주 등록을 하면 주민세를 내야 한다. 안산시 원곡동의 경우 전체 주민의 80% 이상을 외국인이 차지하고 있다. 그런데 언어·문화적 차이와 납세에 대한 이해 부족 등으로 인해 외국인의 체납액이 늘고 있다고 한다. 이에 안산시는 세금 납부에 대한 외국인의 이해력을 높이기 위해 고지서 뒷면에 5개 문자로 내용을 번역한 주민세 고지서를 발송하고 있다. 우리가 보고 있는 이 책도 여러 언어로 번역되어 출간되면 좋겠다. 많은 사람들이 사진을 통해, 그리고 지리라는 학문을 통해 세상을 넓게 이해하는 세상이 오도록.

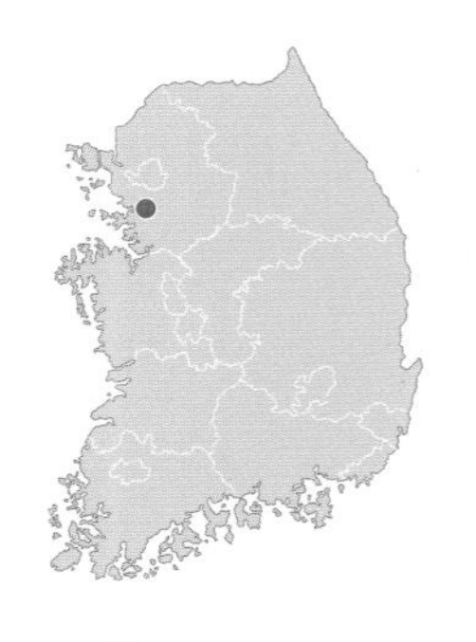

228 이동하여 정주하다, 이주 그리고 귀화

김석용, 2019년 12월 @경기도 안산시

가락국 초대 왕인 수로왕의 부인 허황후는 인도 등 남방 어딘가에서 왔다고 한다. 하멜이 제주에 표류했을 때 같은 네덜란드 사람인 벨테브레(박연)를 만났는데 그는 26년이나 먼저 조선에 왔다. 이들도 당시에는 다문화였을 것이다. 자신의 고향을 떠나 아예 다른 나라로 이주한다는 것은 짧게 이동하는 관광, 여행과는 다른 차원의 문제이다. 얼마나 많이 고민하고 고생했을까? 이주 여성, 이주 남성, 귀화인들도 대한민국을 구성하는 사람들이다. 베트남에서 이주해 온 이 씨와 스리랑카에서 이주해 온 부천 장 씨를 보며 든 생각이다.

229 무인상, 오래된 다문화

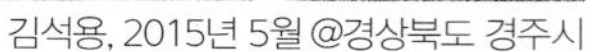
김석용, 2015년 5월 @경상북도 경주시

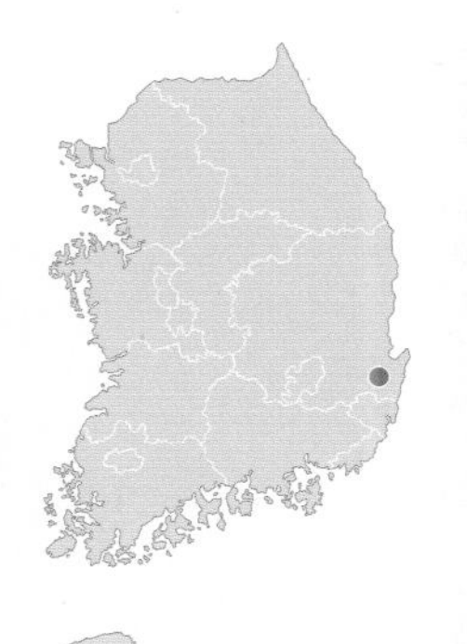

경주에 있는 신라 38대 원성왕릉에는 페르시아 사람인 듯한 서역인의 무인상이 세워져 있다. 무인상은 걷어 올린 소매 아래로 굵은 팔뚝의 근육까지 생생하다. 깊숙하게 골이 파인 눈자위, 커다란 매부리코, 곱슬한 수염, 주걱턱의 모습은 여느 동양인과는 다른 서역인의 모습이다. 원성왕 시절인 8세기 말에 신라가 당나라와의 교역에서 벗어나 아라비아반도 등 서역과도 교류했었다는 사실을 보여 준다. 이 이방인의 모습에서 국제 사회의 중심지로 자리했을 경주의 위상이 느껴진다. 또한 우리에게 다문화의 역사는 상당히 오래되었다고 알려 주는 듯하다.

230 남반구에서 가장 큰 불교 사원, 난티엔 사원

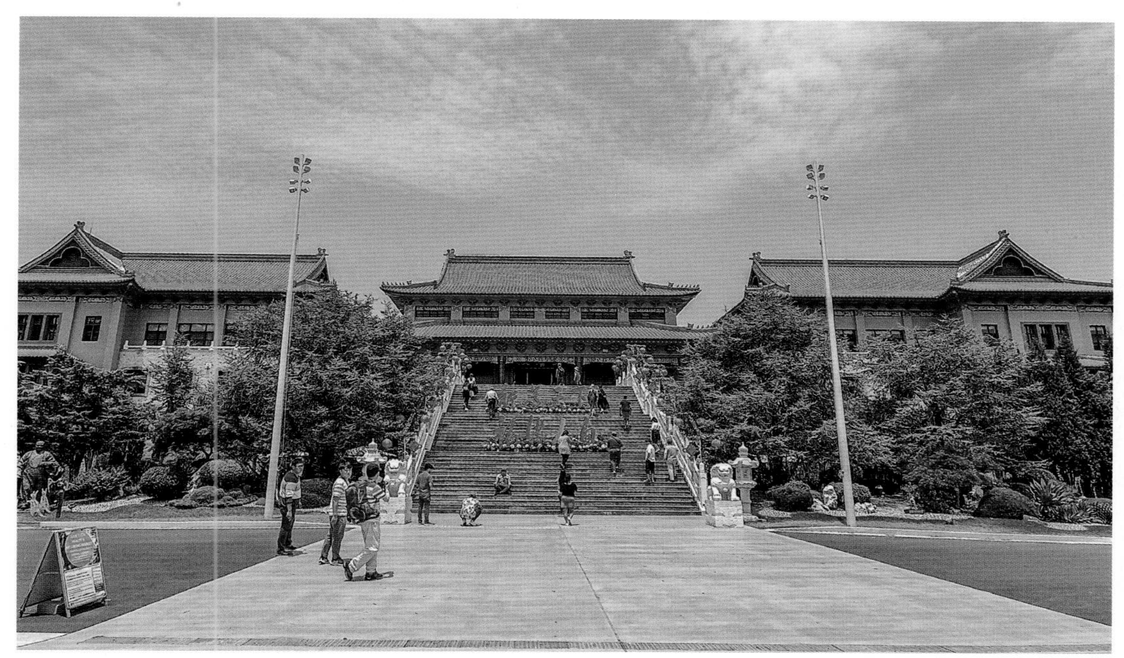

남호석, 2020년 1월 @호주 울런공

'Southern Paradise'라는 별칭을 지닌 난티엔 사원南天寺은 남반구를 대표하는 가장 큰 불교 사원으로, 대만식 불교 사원이다. 대만계 호주인이 자신의 땅을 내어 주어 1990년 울런공Wollongong 시장이 건축 계획을 세웠으며, 1992년에 착공하여 완공까지 5년이 소요되었다. 동서양 문화의 교류와 과거와 현재의 소통에 중점을 두고 있으며, 문화·예술 활동 및 다양한 야외 활동과 이벤트에 이르기까지 다채로운 프로그램을 운영하고 있다. 종교적인 목적 이외에도 현지인들과 울런공을 찾는 많은 관광객들이 방문하는 호주 관광의 필수 인기 코스 중 하나이다.

231 종교의 이동, 블루 모스크

최종현, 2019년 2월 @말레이시아 코타키나발루

돔 형태의 파란 지붕이 아름다워 '블루 모스크'라는 별명을 갖고 있는 말레이시아 코타키나발루의 반다라야 마스지드(모스크). 서남아시아에서 창시된 이슬람교는 이슬람 상인들의 무역 활동을 통해 동남아시아의 도서島嶼 지방까지 전파되었다. 그래서 동남아시아의 인도네시아, 말레이시아, 브루나이의 주민들은 주로 이슬람교를 신봉한다. 반면 인도차이나반도에 위치한 타이, 캄보디아, 미얀마, 라오스 등은 인도의 영향으로 주로 불교를 신봉한다. 또한 필리핀은 과거 에스파냐의 식민 지배를 받는 과정에서 독실한 가톨릭 신자였던 펠리페 2세의 영향을 받아 주로 크리스트교를 신봉한다. 해상 교통의 요지인 동남아시아는 세계 각지로부터 많은 이동(교류, 침략 등)이 있었고, 이로 인해 다양한 종교가 전파되었다.

232 제주 유배길에 씨를 뿌리다, 눈물의 십자가

김오진, 2019년 6월 @제주특별자치도 제주시

황사영은 순조 때 백서 사건으로 능지처참을 당하고, 그의 아내 정난주(마리아, 정약용의 조카)는 제주 유배형에 처해진다. 유배선이 제주해협을 건너다 하추자도에 잠시 머물 때, 그녀는 두 살 된 핏덩이 경한을 죽은 것으로 위장하여 해안가 바위에 두며 이름과 생년월일, 사연을 남겼다. 제주에 가면 자기처럼 관노가 될 게 뻔했기 때문이다. 마침 동네 어부가 이를 발견하여 양자로 삼았고, 황경한은 추자도 황씨의 입도조가 되어 가문을 번성시켰다. 최근 아기가 남겨졌던 그 바위에 십자가를 세우고 '눈물의 십자가'라 부른다. 눈물의 십자가는 현재 천주교의 성지가 되어 많은 사람들의 발길이 끊이지 않고 있다.

233 피난민의 이동으로 형성된 감천마을

최종현, 2019년 8월 @부산광역시 사하구

6·25 전쟁 속에서 부산으로 피난 온 사람들은 살 곳을 찾아 산 중턱에 마을을 만들었다. 부산광역시 사하구의 감천마을은 이런 산동네 중 하나이며, 2009년 재개발 이후 관광지로 주목받고 있다. 산동네 마을의 특징 중 하나인 파란색 물탱크와 옥상에서 고추를 말리고 있는 풍경이 눈에 들어온다. 감천마을을 둘러보며 주민들의 생각이 궁금했다. '많은 관광객이 우리 마을에 온다. 심지어 해외에서도 단체로 우리 마을에 온다. 나의 일상이 관광의 대상이 된다.' 하지만 내 느낌에 감천마을 주민의 일상과 관광객의 관광 행위는 분리되어 있었다. 감천마을 주민들은 자신의 삶을 살아갔고, 관광객들에게 그들의 삶은 관심 밖이었다. 나를 포함한 관광객들은 좋은 경치와 좋은 그림이 있는 곳을 찾아 줄서서 추억으로 남길 사진을 찍고, 카페에서 더위를 피하며 기념품을 살 뿐이었다. 메리야스를 입은 할아버지가 집 안에서 창밖으로 관광객들을 물끄러미 바라보던 모습이 잊혀지지 않는다.

234 하천이 만든 에스파냐의 고도古都, 톨레도

서정현, 2016년 1월 @에스파냐 톨레도

하천의 움직임에 따라 도시가 만들어진다. 이베리아반도 에스파냐의 동서를 흐르는 타호강Río Tajo이 이 일대를 휘감아 흐르면서 급격한 협곡을 형성하였다. 기원전 2세기 무렵에 이 지역을 점령한 로마인들은 3면이 협곡으로 둘러싸인 이 지역을 툴레툼(요새)이라 불렀고, 여기에서 톨레도Toledo라는 지명이 유래되었다. 톨레도는 에스파냐의 오랜 역사 속에서 천연의 요새이자 정치와 경제의 중심지로 성장하였다. 이 과정에서 크리스트교와 아랍 및 유대 문화가 다양하게 혼합되었고, 이후 1986년에는 도시 전체가 유네스코 세계문화유산으로 등재되었다.

235 담쟁이는 말없이 그 벽을 오른다

김민숙, 2019년 9월 @강원도 양구군

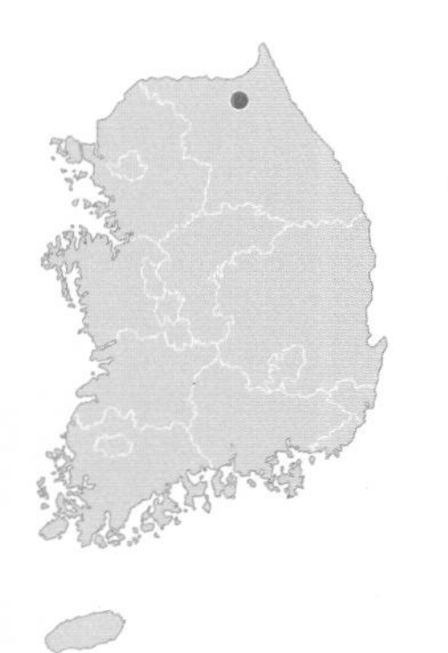

도종환 시인의 시가 떠오르는 강원도 양구군 박수근미술관의 가을이다. 벽에 걸린 작품 못지않게 자연은 그대로 우리에게 많은 생각과 울림을 준다. 긴 설명 없이 시 한 편으로 세상을 잇는 방법을 고민해 본다.

저것은 벽 / 어쩔 수 없는 벽이라고 우리가 느낄 때 / 그때 / 담쟁이는 말없이 그 벽을 오른다 / 물 한 방울 없고 씨앗 한 톨 살아남을 수 없는 / 저것은 절망의 벽이라고 말할 때 / 담쟁이는 서두르지 않고 앞으로 나아간다 / 한 뼘이라도 꼭 여럿이 함께 손을 잡고 올라간다 / 푸르게 절망을 다 덮을 때까지 / 바로 그 절망을 잡고 놓지 않는다 / 저것은 넘을 수 없는 벽이라고 고개를 떨구고 있을 때 / 담쟁이 잎 하나는 담쟁이 잎 수천 개를 이끌고 / 결국 그 벽을 넘는다. (담쟁이, 도종환)

236 개발 공간 속 자연을 잇는 노력, 생태연결통로

김석용, 2019년 11월, @경기도 용인시 / 최종현, 2016년 7월 @세종특별자치시

많은 사람이 한곳에 모일수록 자연환경은 나빠져서 자정 능력의 한계치를 넘어서게 되었고, 사람들은 자연환경을 보존하고자 목소리를 내게 되었다. 야생동식물의 서식지가 단절되거나 훼손 또는 파괴되는 것을 방지하고, 이동을 돕기 위하여 설치하는 인공 구조물이나 식생 등의 생태적 공간이 생태연결통로이다. 서식지를 연결함으로써 야생동물이나 식물 등의 멸종을 예방하고, 생물 다양성을 높이기 위한 것이다. 생태연결통로를 만들려는 노력도 중요하지만, 생태연결통로를 만들지 않아도 될 만큼만 개발하려는 노력이 더 중요하지 않을까?

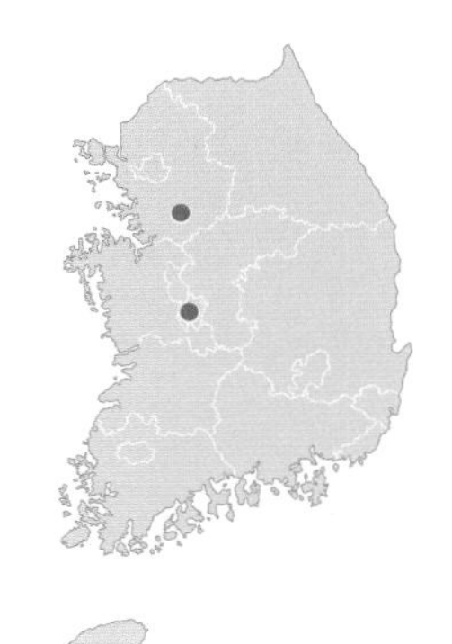

237 과거로 이동하는 계단

박승욱, 2016년 2월 @부산광역시 중구

부산역에 내린 외지인의 눈에 가장 먼저 들어오는 모습은 부산의 산복도로와 그 주변에 빼곡하게 들어선 집들이다. 산등성이에 자리 잡은 주거지는 좁고 가파른 골목길로 연결되어 있다. 골목과 골목으로 연결되던 산 아래와 산비탈 동네는 이제는 차가 다닐 수 있는 넓은 도로가 골목길을 대신하고 있다. 좁고 가파른 골목길과 위로 새롭게 난 넓은 고가길이 만나는 곳은 피난민의 길과 현대인의 길이 만나는 듯하다. 계단을 따라 내려가면 자동차가 다니는 새로운 길 아래에 별천지가 펼쳐진다. 새로운 고가길 아래 옛 골목길은 마치 지하 세계에 온 듯 착각이 들게 한다. 옛길은 새 길과 연결되고, 과거와 현재를 연결한다.

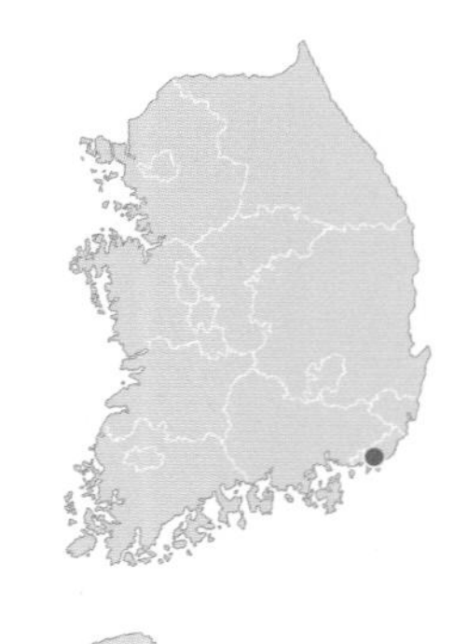

238 1004대교의 명암

유승상, 2019년 5월 @전라남도 신안군

암태도에서 압해도를 바라보고 촬영한 천사대교이다. 천사대교는 1004개의 많은 섬들로 이루어진 신안군의 지역 특성을 반영하여 지어진 이름이며, 국내 유일하게 사장교와 현수교가 동시에 배치되어 2019년 4월 4일에 개통했다. 교량의 길이는 7.22km이다. 천사대교의 개통은 섬 주민들의 이동 시간을 줄여 생활권을 확대하였고, 관광객의 증가로 지역 경제 활성화에 기여하고 있다. 하지만 섬의 쓰레기 증가, 땅값 투기 조짐, 교통 정체 등 주민의 삶을 침범하는 오버투어리즘의 우려도 동시에 나타나고 있다.

239 천행天行

이호문, 2017년 8월 @중국 윈난성

중국의 윈난성과 티베트를 연결하던 교역로인 차마고도, 그 차마고도 중 호도협 인근에서는 사진에서와 같은 급경사 길을 볼 수 있는데, 마치 하늘과 맞닿는 가장 높은 곳까지 오르는 듯한 모습이다. 자연 중에는 인간의 이동을 저지하는 많은 곳이 있지만, 그 어려움을 극복해서 길을 내고 이동하며 다른 지역과 연결해 온 것이 인류의 역사이다. 2017년 강원지리교육연구회에서 해외 답사를 진행하였고 호도협, 리장고성, 석림 등을 답사하면서 자연과 사람이 함께하는 모습들을 담을 수 있었다. 사람들의 능동적인 삶의 모습은 언제나 경이롭고 아름답다.

240 이음을 위한 기다림, 그리고 움직임

김하늘, 2019년 11월 @인천광역시 옹진군

인천 연안부두에서 출발한 배가 대청도에 기항하여 승객과 화물의 승선과 하선이 이루어지고 있다. 인간과 지역이 생존하고 발전하기 위해서는 서로가 이어져야 하고, 이어지기 위해서는 끊임없이 움직여야 한다. 높은 파도로 인해 3일 만에 배가 운행된 이 날은 많은 사람과 화물이 배를 애타게 기다리고 있었다. 이어지기 위해서 …. 서해 5도에서는 인천보다 가까운 북한. 그곳과 이어지는 것은 언제까지 기다려야 할까?

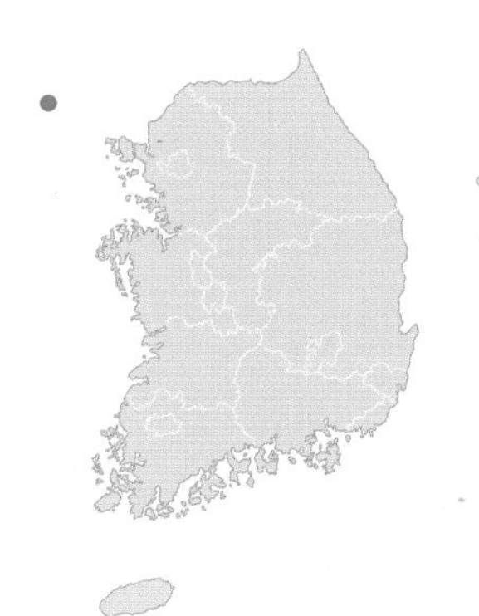

241 배낭 여행자들을 연결하는 선

박미화, 2008년 1월 @인도 뉴델리

파하르간지, 메인바자르, 뉴델리 레일웨이스테이션. 같은 장소, 다른 이름. 하나의 장소이지만 다양한 이름으로 불리는 인도 뉴델리의 여행자 거리 파하르간지는 세계 배낭 여행자들의 인도 여행 시작점이자 종점이다. 사이클 릭샤, 오토 릭샤, 자동차, 손수레 등의 다양한 교통수단과 길거리에 아무렇게나 누워 있는 소와 개들, 호객꾼들로 인해 여행자의 마음은 혼란스럽고 뒤엉키기도 하지만, 서로 다른 문화를 지닌 사람들이 '인도'라는 공통의 관심사로 모여 서로의 문화를 공유하고 마음을 나누는 곳. 그런 여행자들의 모습이 파하르간지 거리의 전신주 전선들을 닮았다.

242 해납백천의 강진 바다

김덕일, 2019년 11월 @전라남도 강진군

강진에는 오목하게 파고 들어온 강진만이 있다. 동쪽 장흥에서부터 흘러온 탐진강은 강진 땅으로 와서 강진만으로 들어간다. 이 강진만은 탐진강의 하구이기도 하고, 그 밖에도 많은 하천이 흘러들기 때문에 아홉 고을의 물길이 흘러든다는 뜻으로 '구강포'라고도 한다. 바다는 수많은 강물을 모두 받아들인다. 그리고 강과 연결한다. 해납백천海納百川이란 말처럼 강진 바다는 다른 사람을 탓하지 않고 너그럽게 감싸 주거나 받아들이는 그런 곳이다.

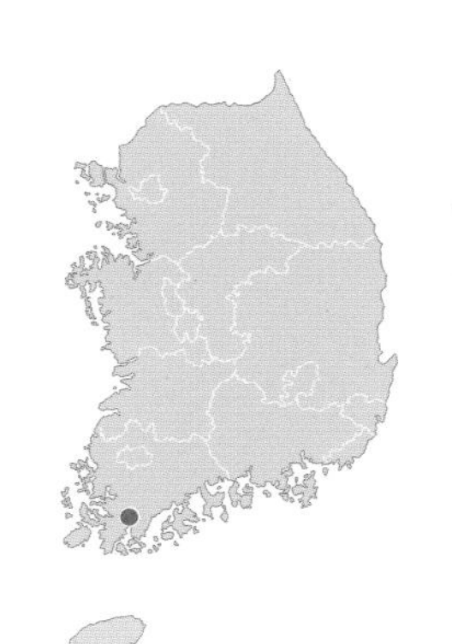

海納百川, 有容乃大 (해납백천 유용내대)
바다는 백 개의 강들을 둘러싸고 있어서 모든 것을 허용하고 막대하다.

243 나무를 통해 하늘로, 당산목

김석용, 2019년 2월 @강원도 강릉시

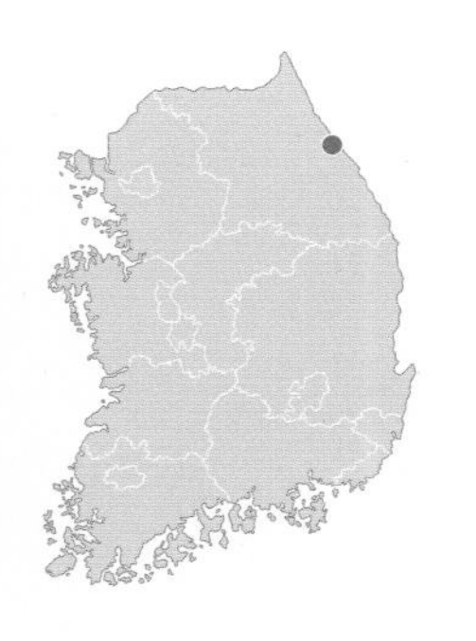

단군신화에 의하면 환웅은 하늘에서 나무 밑으로 내려왔다. 이렇듯이 나무는 하늘과 땅을 이어 준다고 믿었다. 소나무 줄기는 하늘로 오르는 용龍이라 하기도 했으며, 하늘의 신이 땅으로 내려올 때에는 높이 솟은 소나무 줄기를 택한다고 믿었다. 즉 하늘과 땅을 이어 주는 매개체로 여겼던 것이다. 강릉 교항리에는 수려한 자태를 자랑하는 6그루의 소나무가 마을 한가운데에 자리 잡고 있는데, 마을의 무사 안녕과 번영을 도모하기 위하여 주민들이 매년 제사를 지내고 있는 당산목이다. 나무 한 그루 한 그루마다 각각의 제단이 갖추어져 있다.

244 하늘과 땅을 연결하다

박병오, 2019년 11월 @경기도 이천시

전 세계를 막론하고 나무는 하늘과 지상, 지하 세계를 연결하는 매개체로 사용되어 왔다. 나무 뿌리는 지하에 뻗어 있고 나뭇가지는 하늘을 향해 뻗어 있기 때문에 땅과 하늘을 연결하는 우주축(세계축, axis mundi)이라고 생각하였다. 은행나무는 문묘나 향교, 사찰의 경내에 많이 심었고, 신목이라고 하여 악정을 베푸는 관원을 응징하기 위해 관가의 뜰에 심기도 하였다.[1]

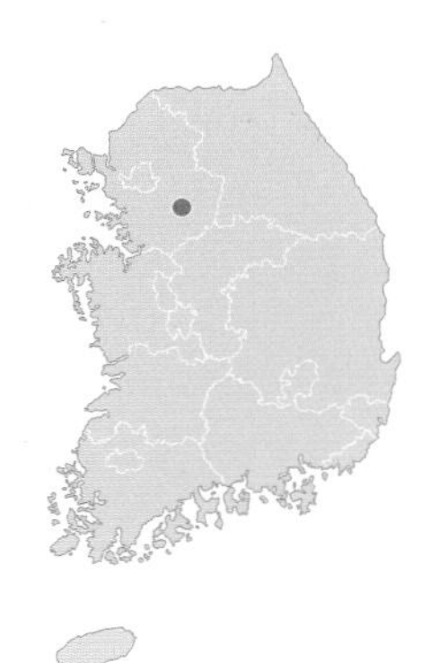

1.『종교학대사전』, 편집부, 한국사전연구사, 1998.『우리나무 백 가지』, 이유미, 현암사, 1995.

245 과거와 현재를 연결해 주는 메신저

한철수, 2019년 10월 @경기도 구리시

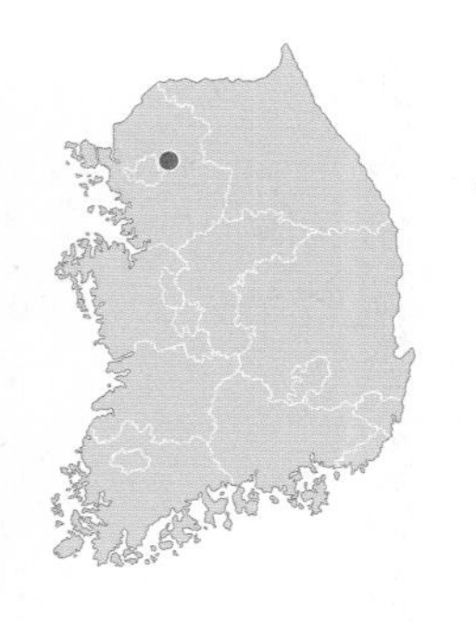

여기저기에 있는 역사와 문화 유적들은 과거와 현재를 연결해 준다. 하지만 그 유적들을 통해 과거를 이해하기 위해서는 노력이 필요하다. 그 노력을 줄여 주는, 즉 과거와 현재를 연결해 주는 메신저가 문화재해설사(문화관광해설사)이다. 그들은 고궁이나 능, 유서 깊은 절, 지역 유적지 등을 방문한 관람객을 대상으로 문화재나 지역의 역사 및 전통문화 등을 알기 쉽고 재미있게 설명해 준다.

246 역사를 잊은 민족에게 미래는 없다

김민숙, 2019년 7월 @독일 베를린

독일 베를린에 있는 홀로코스트 메모리얼 광장의 유대인 추모탑은 유럽에서 희생 당한 유대인을 기리기 위해 2005년에 조성되었다. 무릎 정도의 높이부터 4.7m에 이르는 다양한 조형물이 2,711개가 있는데, 이 조형물은 희생당한 사람들의 넋을 기리는 비석이자 관을 상징한다. 과거의 아픔이 아직 치유되지 않은 우리에게 이 추모탑은 더욱 절실하게 다가온다.

"자기네들이 했다, 미안하다, 용서해주시오, 그래만 하면 우리들도 용서할 수가 있다고…."

고인이 되신 김복동 할머니의 말씀이 울림이 되어 들리는 듯하다.

247 세상을 잇는 힘, 그들을 기억하라!

김민숙, 2019년 7월 @폴란드 오시비엥침

폴란드의 아우슈비츠 비르케나우Auschwitz Birkenau는 나치 독일이 유대인과 수많은 사람들을 집단 학살했던 강제수용소로, 바르샤바에서 남서쪽으로 약 300km, 크라쿠프에서는 서쪽으로 약 70km 떨어져 있다. 나치가 세운 강제수용소 중에서 최대 규모였으며, 역사적인 연구에 따르면 대다수가 유대인이었던 약 150만 명의 수용자가 이곳에서 살해되었다. 폴란드 병영이었던 곳이 수용소로 전용되었고, 현재는 박물관과 전시관으로 이용되며, 1979년에 유네스코 세계문화유산이 되었다. 전 세계 방문객들의 마음을 가장 아프게 하는 것은 아이들이 학살당한 흔적이다. 저 신발을 신고 왔을 아이의 흔적이 과거와 현재를 먹먹하게 이어준다. 지금도 지구촌 어딘가에서는 분쟁으로 아파하고 있다. 특히 여자와 아이들이. 돌아서서 나오는 내내 뜨거운 눈물이 흘렀다. 영화 '인생은 아름다워'에서 본 귀도의 선한 눈빛이 오버랩되었다.

248 지식을 연결하는 곳, 알렉산드리아 도서관

김석용, 2005년 1월 @이집트 알렉산드리아

도서관이란 온갖 종류의 도서, 문서, 기록, 출판물 따위의 자료를 모아 두고 사람들이 볼 수 있도록 한 시설이다. 도서관에 있는 각종 자료는 과거의 자료를 현재까지 보존하는 곳이기도 하고, 도서관이 위치한 곳뿐만 아니라 다른 곳의 자료도 모아 두는 곳이다. 즉, 도서관은 시간과 장소를 연결하는 곳이다. 과거 이집트 알렉산드리아에 있었던 도서관은 당시엔 가장 큰 지식 창고였다. 옛 알렉산드리아 도서관을 기념하고 그것에 필적할 만한 도서관을 세우기 위해 신 알렉산드리아 도서관이 2002년 옛 도서관 자리 근처에 세워졌다.

249 하늘과 바다, 낮과 밤을 연결하는 동해 일출의 장관

서정현, 2019년 7월 @강원도 동해시

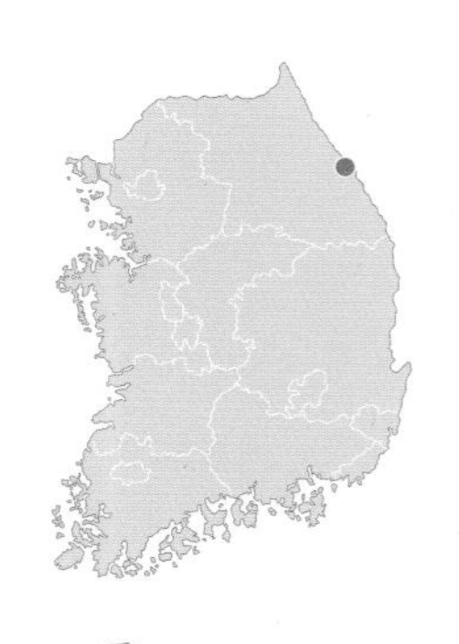

무미건조한 자연의 움직임이 때로는 우리에게 깊은 감명을 안겨 준다. 일출이란 지구의 자전으로 인해 태양이 동쪽 수평선 또는 지평선에서 떠오르는 현상을 말한다. 태양을 중심에 두고 지구가 움직이고 있지만, 우리 눈에는 마치 태양(日)이 떠오르는(出) 것처럼 보이기 때문이다. 일출의 정확한 시간은 태양의 붉은 원 윗부분이 수(지)평선에 걸쳐지는 순간이다. 바로 이때가 하늘과 바다가 연결되는 장관이 펼쳐지는 찰나이며, 밤을 지나 아침이 시작되는 순간이다. 그래서 일출은 새로운 시작을 의미하기도 한다.

250 서로를 연결하는 우체통

김석용, 2016년 2월 @울산광역시 울주군

안부를 묻고 소식을 전하는 편지를 전달하는 일이 인편이 아닌 공적인 업무로 취급된 것은 1884년부터였고, 이때부터 우체통도 설치되었다. 우편은 시간과 공간적 거리를 줄이고 서로를 연결하는 획기적인 방법이었다. 남한의 육지 중에서 1월 1일 해가 가장 먼저 뜨는 곳은 울산의 간절곶인데, 이곳에는 높이 5m, 너비 2.4m의 초대형 우체통인 '소망우체통'이 설치되어 있다. 1970년대의 우체통 모양으로 만들어져 있는 소망우체통은 간절곶의 '간절'이라는 지명에 맞게 새해 소망과 염원을 간절히 기원한다는 의미를 담고 있다. 그리고 지금도 저마다의 사연과 소식을 전하며 서로를 연결하고 있다.

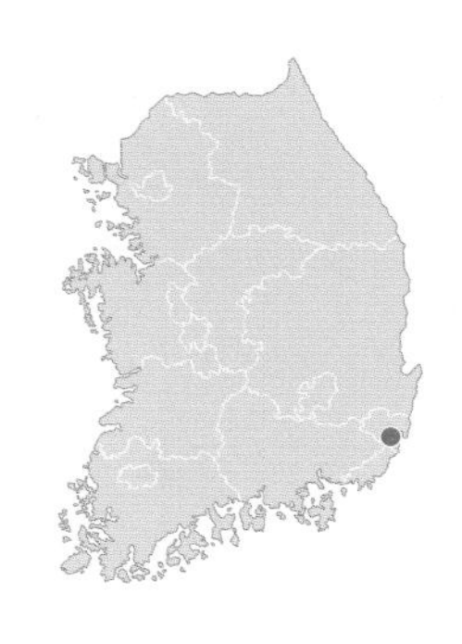

251 지중해와 대서양의 연결, 지브롤터 해협

이대진, 2019년 8월 @에스파냐 알헤시라스

지브롤터 해협은 유럽의 이베리아반도와 아프리카 대륙 사이의 해협으로, 지중해와 대서양을 연결하는 통로이다. 수에즈운하를 통과한 선박과 지중해 연안국의 배들이 영국이나 네덜란드 등의 대서양 연안, 멀리는 아메리카나 아프리카 외해로 진출하기 위해 통과해야 하는 통로로, 전략적 가치가 매우 높다. 지브롤터 해협에서 가장 좁은 곳은 13km 정도에 불과하여 맞은편 대륙이 금방 닿을 수 있을 것처럼 가까이 보인다. 이곳은 에스파냐-모로코 간의 주요 이동 경로이기도 하며, 과거 에스파냐를 지배했던 무어인들 역시 이 해협을 통해 건너왔을 것이다. 현재도 에스파냐의 타리파Tarifa와 모로코의 탕헤르Tanger 사이에 여객선이 운항되고 있는데, 30여 분이면 두 지역이 연결된다. 그리고 아프리카에서 유럽을 향하는 수많은 난민들이 목숨을 걸고 이 바닷길을 건너기도 한다.

252 내륙의 포도를 전 세계로, 포르투

이대진, 2019년 8월 @포르투갈 포르투

포르투갈의 북부, 도루강변에 자리 잡은 포르투는 포르투갈 제2의 도시이다. 포르투갈 국명은 이 포르투에서 유래한 것으로, 항구port라는 의미이다. 현재 포르투는 '포트와인'이라는 독특한 포도주 생산으로 유명하다. 17세기에 프랑스 와인을 저렴하게 구하기 어려워진 영국인들에 의해 도루강의 중·상류에서 생산된 와인의 소비가 증가했다. 하지만 운송 중 변질되는 일이 속출하여 알코올 도수를 높여 발효를 중지시킨 포트와인을 개발했다. 지금도 중·상류의 포도 농장으로부터 포도를 운반한 후, 동루이스 다리의 왼쪽 아래에 밀집한 와이너리에서 포트와인을 생산하고 있다. 이들 와이너리에서는 투어 프로그램도 함께 진행하고 있다.

253 대륙을 연결한 인물, 콜럼버스의 무덤

이대진, 2019년 8월 @에스파냐 세비야

세비야는 에스파냐 안달루시아 지방의 대표 도시이다. 세비야 대성당에는 크리스토퍼 콜럼버스의 무덤이 있다. 1492년 카스티야 왕국 이사벨 여왕의 후원을 받아 서쪽으로 항해를 해 신대륙을 발견하고 유럽과 아메리카 대륙을 연결하는 기초를 마련한 인물이다. '죽어서도 에스파냐 땅을 밟지 않겠다'는 콜럼버스의 유언에 따라 관을 지면에 닿지도 않게 했는데, 관을 들고 있는 4명의 사람은 당시 에스파냐의 4개 왕국을 상징하며, 앞의 고개를 들고 있는 두 명은 콜럼버스의 항해를 지원한 왕, 뒤의 두 명은 지원을 거절한 왕을 의미한다. 콜럼버스를 비롯한 유럽인들에 의해 아메리카 대륙 전역이 식민지로 전락하고 원주민들이 노예로 부려졌던 것을 생각하면, 우리의 연결이 어떤 가치를 추구해야 하는지 생각하게 한다.

254 옛 헝가리 왕국과 현대의 관광객들

이동민, 2018년 8월 @헝가리 부다페스트

1526년 몰락한 헝가리는 합스부르크 제국과 오스만 제국으로 분할되었다. 17세기 말 프린츠 오이겐은 오스만 제국군을 격파하였고, 이후 헝가리는 1918년 공화국으로 독립할 때까지 합스부르크 제국 내의 왕국으로 존재하였다. 부다 왕궁에 세워진 프린츠 오이겐의 동상 옆으로 행진하는 19세기 풍의 군인 모습을 신기한 듯 구경하는 관광객들이 보인다. 부다 왕궁을 등진 채 도나우강을 바라보고 서 있는 프린츠 오이겐의 기마상이 19세기 헝가리 왕국이라는 과거와 현재, 미래의 부다페스트를 연결해 주는 듯하다.

255 적막한 한강 하구

세계의 여러 곳에서 그러하듯 강과 바다가 만나는 하구는 그 지리적 이점으로 늘 붐비고 북적이며 사람들이 모여 도시가 발달한다. 그러나 김포의 애기봉에서 바라본 한강 하구는 성엣장만 가득할 뿐 오가는 배 한 척 없이 적막하며, 오히려 긴장감마저 감도는 느낌이다. 과거에는 서해의 많은 배가 마포에 소금과 새우젓

김석용, 2010년 1월 @경기도 김포시

을 부렸다. 남도와 북한에서 온 배들이 이곳을 통해 서울까지 들어가고, 서울 등 경기 지방의 물품들이 이 물길을 통해 나가는 등 다시 북적이는 하구가 되기를 기원해 본다.

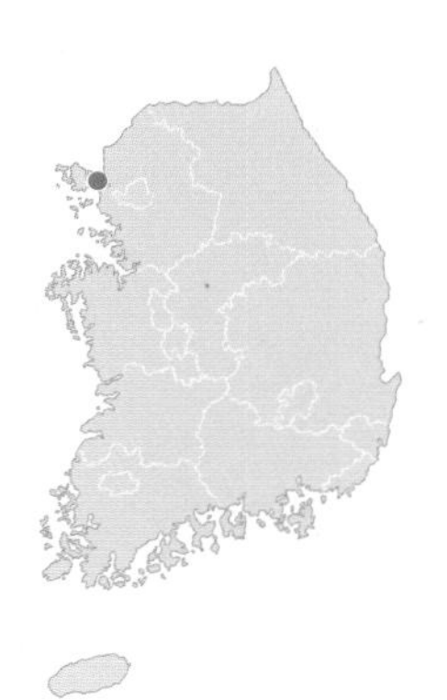

256 연결이 간절한 제진역

남호석, 2019년 11월 @강원도 고성군

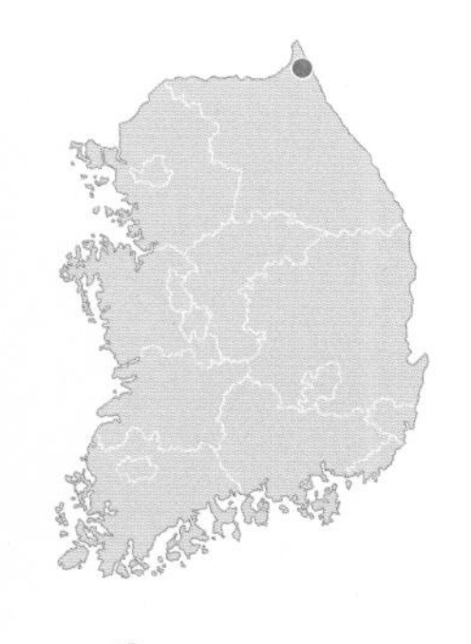

제진역은 강원도 고성군 현내면 사천리에 있는 대한민국 최북단 역으로, 북한의 최남단 역인 감호역까지는 불과 10.5km 거리에 있다. 단절된 남북 동해선 철도 복원 사업을 추진하면서 2006년 3월 15일 남북출입국사무소와 함께 준공하였으며, 2007년 5월 17일 경의선과 함께 열차 시험 운행을 했다. 하지만 그후 열차 운행은 아직까지 이루어지지 않고 있다.

257 끊어진 땅, 끊어진 삶

민석규, 2020년 1월 @경상북도 포항시

양산단층대(영덕~부산)는 경상도 남동부 지방의 지각을 동서로 나눈다. 포항시 북구 흥해읍은 양산단층대의 동쪽에 인접한 지역으로, 2017년 포항 지진 당시 큰 피해를 입었다. 지진이 발생하기 전 대성아파트는 오랫동안 주민이 살아온 삶의 공간이었으나, 지진 때문에 주민들은 이주하였고 현재 모든 사람의 출입이 금지됨으로써 삶의 연속성이 끊어졌다.[1] 땅은 하나인 것 같으나 끊어진 곳이 있다.

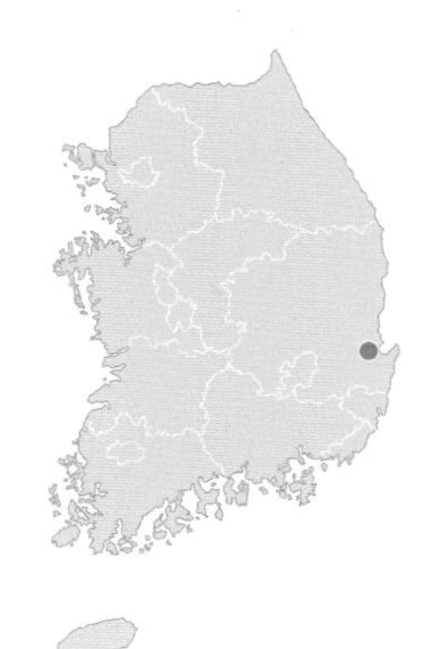

2. 북구 흥해읍의 대성아파트는 2021년 1월에 철거 완료되었다.

258 땅의 단절에 따른 지진, 이를 극복하는 연결, 그랭이 공법

최종현, 2019년 1월 @경상북도 경주시

단층이란 땅이 단절된 곳을 의미한다. 땅이 어긋나는 과정에서 발생하는 충격으로 지진이 발생한다. 우리나라의 양산단층은 최근 경주 지진과 포항 지진을 일으킨 주요 원인으로 꼽힌다. 다른 지역에 비해 경주와 포항 일대에 지진이 잦았던 이유는 바로 이 일대가 단층대에 위치하기 때문이다. 통일신라시대에 세워진 경주 불국사는 건축 과정에서 지진에 대비한 '그랭이 공법'이 사용되었다. 자연석 기둥의 아래쪽을 자연석 윗면의 굴곡과 같은 모양으로 'ㅠ'자 모양으로 다듬어 자연석과 기둥이 마치 톱니바퀴 물리듯 맞물리도록 맞추는 것이다. 경주 분황사 모전석탑의 기단에도 'ㅠ'자 모양으로 다듬어진 돌을 볼 수 있다. 또 페루 쿠스코의 유명한 12각돌도 우리나라의 그랭이 공법과 같은 원리를 적용하여 지진의 피해를 최소화하려고 하였다.

259 흐름이 끊긴 무섬마을

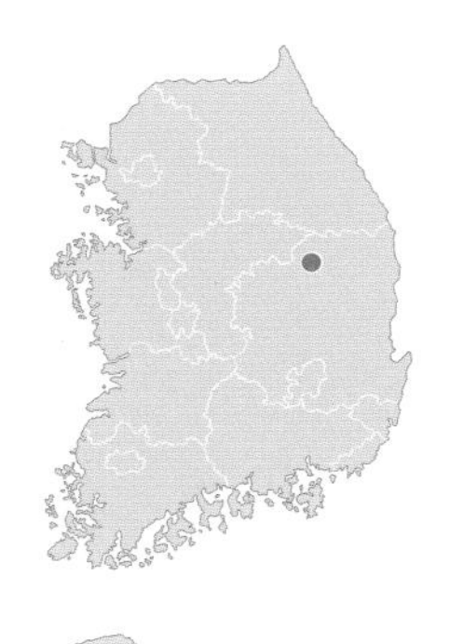

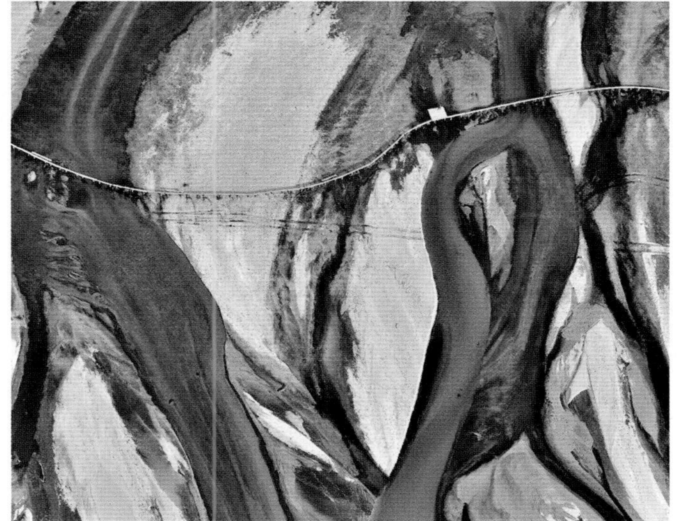

신병문, 2014년 1월, 2018년 8월 @경상북도 영주시

영주댐으로 인해 내성천 물의 흐름이 끊기면서 무섬마을의 그 아름답던 모래톱(위 사진, 2014년 1월)은 아래의 사진(2018년 8월)처럼 변화되었다. 댐이 생기기 전에는 주기적인 모래의 공급으로 강물은 맑았고 이끼와 풀은 상상조차 할 수 없었다. 그러나 댐이 생기고 더는 모래가 내려오지 않게 되면서 무섬마을 앞 외나무다리 주변은 앙상하게 말라가는 뼈 모양으로 굵은 자갈만 남고 이끼와 풀이 자라는 이상 증세가 나타났다. 물은 흐르는 게 그 본성이다. 흐름이 끊기면 그런 물의 본성을 닮았던 우리도 영향을 받게 된다.

사진 목록(작가별)

사진 목록(장소별)

아메리카

아시아

아프리카

오세아니아

유럽

찾아보기

ㄴ

ㄷ

ㅂ

ㅅ

ㅇ

ㅈ

ㅊ

ㅋ

ㅌ